U0084942

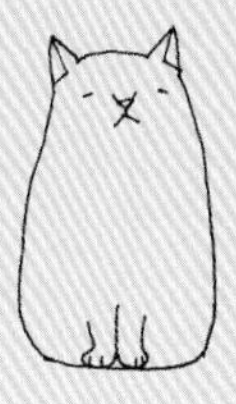

100則暖心的貓咪認養故事

為了與你相遇

圖．文—— 蔡曉琼（熊子）

CONTENTS

本書出現的貓主子皆為真人真事。透過公開募集 100 位被認養的貓麻豆，為他們畫出貓似顏繪，並改寫出屬於他們的小故事。

0.98 克拉的鑽石

學生時期，班上都會有一個搞笑的同學，一個總是遲到的，一個很多人追的，一個隨手塗鴉卻唯妙唯肖的同學。
熊子就是那個愛塗鴉的女孩。

同學間上課時傳遞的紙條，只要經過她的手，就會被畫上一隻大眼蟲。有一次她用黑板畫了Q版各科的老師，畫得滿滿地，使我們上課沒有黑板可以用。

畢業前她寫了一句話：「哀悼十七歲」。那時的我發現，原來愛亂畫的她，心思是細膩的。

認識熊子，分成三個階段。
一是少女情懷的學生時期，二是嫁為人妻，當了母親，三是現在的熊子。

年輕的她嘗試過太多的可能性，各式各樣的工作，不同的國家。
然後她接下了一個女人一生最難的工作，母親。

她埋沒也忘記了自己。稱職地經營一個家庭。
那幾年，我看著她小巧的雙手，買菜洗衣抱小孩。
因為想與兒子有另一種溝通的方式，她拾起畫筆開始繪畫。

這一次她不再只是塗鴉。上課掌握繪畫技巧，創作繪本參展比賽。
我覺得她變快樂了。
母親的雙手依然溫柔，創作的雙手魔力無窮。而熊子的畫風變化無盡。
一度因為壓力而失語的她，畫筆與畫布是她天地翱翔的表達方式。
在那段時期一系列的暗黑畫作，深深地震憾著我。

這本書，主軸是以認養代替購買的百貓繪。
輕鬆筆觸的背後，其實有著許多生命的故事。
用這樣的方式去描繪小生命的獨特性，我想也只有熊子細膩的心可以成就。

對我來説，熊子是一顆 0.98 克拉的鑽石。
當大家都覺得 1 克拉比較值錢的時候，她願意切割掉乾淨度不夠的那 0.02。

不求世人眼中的滿分，努力守護色澤乾淨的自己，如同她的作品。

熊子，我們以妳為榮。

動物守護者 帕子媽

這個社會需要更單純的溫暖

還記得第一次在 Facebook 看到有關百貓繪的文章，第一時間立馬留言詢問：「這些畫可以買嗎？」因為我覺得那一面牆上的貓咪圖畫，看似簡單（就是一隻一隻的貓咪呀！）但是卻好吸引人，仔細看每一隻又是不同的樣子，真的好可愛、好想擁有。之後再去瞭解百貓繪，才發現原來每一隻都有自己的故事，更覺得這些畫帶著好多的愛還有好多的溫暖。

我喜歡關於動物的事物，FB、IG 等社群網站也好，電影、電視或是書籍、圖案也好，因為牠們帶給我們的東西很單純，卻很撫慰心靈！現在的社會真的壓力很大，充斥很多負面的人事物，人心也似乎變得比較冷漠，所以我們很需要可以療癒我們身心的東西，更需要讓溫暖、愛散布在我們的周圍。

而我覺得《為了與你相遇》就是兼具愛、愛心與療癒的一本書！看看每一隻貓咪的樣子，看看他們的故事，每一篇雖然都不長但是都有不同的含義，在閱讀中我自己也好像認識了這些貓咪，心情真的很愉悅、很平靜、很快樂！

因為百貓繪，我也成了熊子老師的學生。我可以了解為什麼熊子老師可以畫出這麼可愛的圖，因為老師本身就是個可愛的人呀！她不像老師，倒像小孩子。很開心當時決定參加了畫畫課。在創作的同時，我真的覺得那個時光是很舒服的，雖然有時也會手忙腳亂，但是畫畫的當下真的有種「心靜」的魔力。

可愛、美麗的畫也同樣有著讓人想像的魔法。所以我希望大家會看到這本書。我希望大家看完之後會覺得有那麼一點溫暖在心裡。會在看的當下覺得快樂。會在看完之後，覺得心情真好，充滿能量。對畫畫有興趣的人，就去試試熊子老師的課吧，真的很好玩！

知性藝人 李維維

我畫了 100 隻貓！

想傳達的，是機遇和美好。

我的插畫《動物似顏繪》系列，最受歡迎的總是貓似顏繪。

「明明我是愛狗多於貓的人啊⋯⋯」默默地覺得，這件事有其背後的意義，只是當時我不明瞭。

認識超過 20 年的好友帕子媽，從少女時期起就是個熱血行動派。她長年投入動物保護和動物救援這領域，每次聽她聊到，都驚訝她的心能如此堅強寬廣，感嘆她的信念是這般溫暖良善。很希望也能為這些小生命做些什麼，但捐款能力有限，居家環境也無法再認養更多寵物。

日日夜夜看著她轉貼的那些等家的寂寞身影，突然間我明白了我該做的事——畫貓，讓更多人看見。用誠懇的心意，在我專長的領域，做我能做的最大值。

送養中的貓有時效限制，時不我予；於是我想改畫出已經被認養而過得幸福的貓，藉由他們幸福的臉蛋和故事，讓更多人看見並了解認養代替購買的美好。這個想法越來越具體，漸漸地衍伸成我的首次插畫個展。一口氣想畫 100 隻貓，是希望能有被看見的規模，也是對自己的挑戰。《百貓繪》定案、公開募集貓麻豆、聯繫和完善家長提供的資料、資料庫管理建置、故事改寫、作畫、掃瞄建檔、展場聯繫、製作文宣和周邊、網路宣傳、佈展、百貓家長紀念品、圖卡義賣、開幕茶會、撤展。一切過程中，順利的不順利的，流汗的流淚的，都讓我更確定這個展覽有使命，一定要好好地完成，讓它被看見。

原以為，在北部的個展結束，就已經是全部。沒想到展覽期間引起的共鳴，激起了漣漪。《百貓繪》開始了在其他城市的邀展巡迴，讓這 100 個故事能走到更遠的地方，讓更多人看見。用一年的時間，台北、桃園、彰化、台中、高雄，然後回到 300 多公里外的家。義賣用的 700 張圖卡售罄後，再追加海報。此外，編號 96 ～ 100 的貓是特殊安排，他們之所以眨著眼拋媚眼，是因為在開展時都是送養中，希望能在展覽期間增加認養的機會，而目前大部分都已經找到幸福的家。

首次舉辦個展，100 張畫作同時亮相。

知道有機會付梓出版的當下，第一個念頭真的是「好感恩！」。就在巡展快要前進最後一個地點前，《百貓繪》能轉換形式到紙本上，讓無法於展期前往看展的人，也能感受這 100 個故事的感動。希望能或多或少喚起讀者心底的溫柔、對自己以外的生命多一分關懷，甚至促使更多人們開始考慮認養不棄養，讓這個世界多一點點的美好。

有位百貓家長跟我說，感謝孩子參加了《百貓繪》。孩子已因病離開，但在他的樣貌和故事，以這樣的方式留下，還能被記得、被看到。在我看來，每一段認養的相遇都很美好。而這樣的美好，值得留下紀錄。在感覺世界有點黑暗的時候，這些良善美好，會成為點亮心底的那道光。

熊子

颱風下雨時，你有家可以遮風避雨，

但是門外那些毛孩，在陋巷、屋簷、車底。

NO.01

圓圓 讓痛苦緩緩離開

繁殖場也有失敗的產品。圓圓是被直接丟棄的貓，關節、咬合、上呼吸道……都有問題。活著，身體有好多痛苦。圓圓脾氣向來易怒暴躁。好不容易有個傻瓜給了她一個家。他順著毛摸，用愛心和耐心減輕她生理上的不適。

然而，心肌梗塞，使那個正值青壯年的人安安靜靜地離開了。他建構的家也就不在了。

圓圓和貓伴點點被他的哥哥一家接手。那裏已經有兩隻溫馴的貓在等她們。但那不是他。
圓圓更不讓人碰。指甲長到肉裡流出血，也還是抗拒著、憤怒著。

期待圓圓能再次展開心房，讓那些痛痛緩緩地離開。
可能還需要多點時間。

那就慢慢來。

NO.2

布朗尼 如黃寶石般閃亮

從排水溝被救起來的那天起，布朗尼的聰明和才華就再也沒辦法被埋沒。

他會玩你丟我撿的叼紙團遊戲，
像狗一樣。
他會把爸媽的手指頭當奶嘴每日吸十分鐘，
像小貝比一樣。
他會溫柔照顧新來的貓弟貓妹，
像成熟的大哥哥一樣。
他會去室友房間叼錢回來，
呃……這不知道是像誰一樣。

跟著爸媽到處旅遊趴趴走，也不會走失。
總是維持著纖細俐落的身形，來去如風。
他黃色的眼睛像是黃寶石般閃亮。聰明的黑貓布朗尼，還有更多讓人驚喜的才能等著被發現呢！

NO.3

柚子 等到最後中頭獎

媽媽到底去哪裡了呢？

柚子和一整窩小橘子都不知道。已經過了好幾次喝奶奶的時間了，肚子好餓啊……
咪嗚咪嗚地喊了好久，媽媽還是沒有回來。
被路過的好心人送到動物醫院來，然後，
便是耐心和運氣的競賽。

女孩來看了好幾次。籠子裡的幼橘越來越少。終於說服了家人來辦理認養的時候，只剩下最後一隻。鼻子髒髒的柚子用亮亮的眼睛看著她。

如今，在新家當上大王的柚子，揚著尾巴一邊巡視領土一邊默默地想，等啊等到最後中了頭獎，就是這樣的感覺吧！？

NO.4

眯亞 公司門口的神祕驚喜

眯亞神祕地出現在公司門口的紙箱裡。他看起來很虛弱，毛亂又氣弱。
所有的同事都覺得驚喜又手足無措，怎麼辦啊？是好小又纖細的小橘子呢！有個朋友說想認養，所以大家一起捧起紙箱帶他去動物醫院檢查……

好險沒什麼大問題，當醫生微笑地打開貓罐罐後，原本軟趴趴的眯亞立刻整隻活了過來……原來只是餓過頭了啊……

第一個認養家庭因為過敏，只好忍痛和眯亞說抱歉。於是，眯亞就來到了No.2 布朗尼的家。

現在他體重超標（不意外），和精瘦的黑貓布朗尼是王哥柳哥般的好朋友呢！

NO.5

點點 彷彿什麼都沒變過

被認養回家的點點，幼時和雪貂一起被養大。因此他不會喵喵叫，會以低沉的嘶吼聲，說著沒人能懂的雪貂語。他是喵界的洪金寶，大塊頭卻非常靈活，聲音粗但個性柔順。

前主人意外離世後，他和夥伴 No.1 圓圓一起被主人的哥哥一家收養。相較於圓圓的抗拒和自我封閉，點點他適應得很快，沒兩下就和新室友 No.2 布朗尼及 No.4 眯亞建立了好交情。一樣說著雪貂語，一樣大口吃著飯，彷彿什麼都沒變過。雖然，偶而會抬起憨憨的臉對天發呆。

想想，單純溫柔也是一種福氣啊。

NO.6

嘟嘟 獨一無二的美

朋友家有一窩新生的小貓，想了想後，挑了其中毛色最不討喜的那隻認養。
唉！看著她又黑又亂的花毛、面目不清的臉……應該很難讓人一眼就看上。當作做好事吧？有種捨我其誰的感慨。

誰知道女大十八變是真的！
日子安穩了；被嬌養著了；毛髮長順了。她宛如超模般，完美地駕馭了那身綜合各種花色的長毛。
愛撒嬌的小甜心嘟嘟，是家中貴氣逼人的優雅女皇呢！

後來，才懂得這樣的毛色叫做玳瑁。只要懂得欣賞獨一無二的美，玳瑁會用他們一生的溫柔聰慧，回報伯樂的知遇之情。

NO.7

Coming 難得的幸運

Coming 和妹妹是在山上出生的孩子。
原本，以天地為家，是最自由的生活；但對於孱弱的新生幼貓，卻是最無情的生命考驗。好心人將整窩幼貓帶下山，檢查、送養，期望能給他們更多生存的可能。

Coming 和妹妹被接到了同一個屋簷下。
能一起被認養，再次擁有一樣的家人，是多麼難得的幸運！

而且，妹妹的眼睛天生發育不全。憨直的小男生 Coming 總是讓著妹妹，單純地、溫柔地守護。因為是手足，是家人，也是小腦袋裡內建的堅持。

看著形影不離的兩個孩子，心也變得更柔軟。但願這樣的陪伴能夠長久不變。

NO.8

Soon 心底柔軟的那個角落

她和哥哥的名字本來是一起取的，哥哥是 Coming，她是 Soon，兩人一起從艱困的山區被接下山，到了同一個認養家庭，幸福 Coming soon（即將到來）。

然而，妹妹的人生沒有像她的名字那樣順（Soon）。

下山就醫後，發現妹妹的右眼是先天發育不全，定期需要北上回診。她是個天生有著良善影響力的天使，獨特的樣子惹人憐惜，每個見到她的人，都會被牽動心底柔軟的那個角落。生活中的點點滴滴，讓人感受到了愛有著不同樣貌。難怪哥哥 Coming 總是護著她。

在每次來回就醫的火車上，
在家中那些熟悉的家具之間，
滿滿的都是幸福。

NO.9

湯圓 幸福在那一刻萌芽

湯圓名聲不太好。唉，這事大家都不好意思大聲嚷嚷，卻默默地傳了千里。

經歷了兩次試養磨合失敗，湯圓的第三個認養人想了想，決定在認養前先來跟他做朋友。

一天又一天，慢慢累積交情。事事以湯圓型男大叔的方便和舒適為優先，務求讓他保持好心情。大叔生活的眉角很多，但人類機伶點配合一下，也就好了。好事多磨，但相信這一切都會是值得的。

終於啊終於，難搞的湯圓挑到了他萬中選一的御用剷屎官。幸福，就從彼此認定的那一刻開始萌芽。

NO.10

八寶 緣分，無論美醜愚慧

她的過去，是個謎。

怎麼會弄得一身憔悴狼狽，帶著驚懼的眼神蹲踞在骯髒的市場角落？帶去洗澡和就醫檢查後，才發現八寶真的是位落難的純種公主。

八寶，飽餐一頓後，把那一切世外價值都放下。不要再讓身體淪為有心人的斂財工具，也不要再被皮相引領未來的命運。

即日起就成為這一家最疼愛的孩子吧。
誠心感恩菩薩賜與的機緣。

無論美醜愚慧，不棄不離一輩子。

你準備貓砂、食物、床鋪，和一生的照顧，

牠回報給你最純粹的愛。

NO.11

蛋蛋 幸福苦中帶甜

遇見蛋蛋，讓人更懂得珍惜自己擁有的。

初次看到蛋蛋，是在收容所的公告上。她那麼孱弱又失去雙眼，在收容所那樣的地方，幾乎是沒有生存機會的。可能，連十二夜都挺不過去。

和家人討論並迅速評估後，拚著一股捨我其誰的熱情，在滂沱大雨中去接了她回家。狼狽又忐忑，但心是滿滿的。

就醫、驅蟲、整頓、磨合。大家講好不要隨便變更家中布置，家中另外兩隻貓主子也懂事地接受了蛋蛋。以為已經苦盡甘來。沒料到蛋蛋還有癲癇。偏偏她沒有辦法從眼睛觀察眼像去治療，於是中醫針灸是目前最好的選擇。

蛋蛋自己雖然看不見，卻帶著我們看到好多人生不同的風景。

真心感謝身邊擁有的一切，我們的幸福苦中帶甜。

NO.12

富士山 幸福 1+1

準備好在生命中加入一隻貓時，網路上見到富士山的照片，眉眼間隱約顯現的富士山啊……有一見鍾情的觸電感覺。就像村上春樹說的遇見 100% 的女孩，非常肯定富士山就是我要找的那隻 100% 的貓！

本來相見恨晚，他已被預約認養。原以為和他就只有擦肩而過的機緣，也改認養了另一隻貓主子 HANABI 回家。豈知峰迴路轉，緣分終究讓溫柔體貼的他來到了這個家。

新生活中預想的貓變成了 1+1，就像懷了雙胞胎一樣的令人忐忑又驚喜加倍！

富士山和煙火（HANABI），成就出家裡最美的夏日風景。

NO.13

HANABI 此生不必再流浪

花火（HANABI）就是日文的煙火。像日式煙火般，低調雅緻的淡淡三色白底虎斑，讓人過目不忘。第一眼，就決定了她的名字。

HANABI 是在馬路上亂竄，被好心人救援回來的小貓。當時以為認養 No.12 富士山無望，所以改變計畫去接了 HANABI 回來做貓中途。活力四射的小貓有快樂的感染力，朝夕相處後，很快地人和貓都知道，此生不必再流浪了。

後來，緣分讓富士山終於也來到這個家。
花火和富士山的組合，一動一靜，讓這個家有了具體的形象。

徐風微微，熱熱鬧鬧，歲月靜好。

NO.14

咪咪 一片餅乾的每日約會

大約八年前某個夏日傍晚，一隻橘白小貓在門口叫門。
幼嫩嫩的聲線、漂亮的臉蛋和毫不認生地主動坐大腿攻勢，有誰能夠抵擋？

於是，一片餅乾，訂下了女孩和幼貓的每日約會。
一天天，一片片。日日執著敲同一道門，讓彼此都成了對方心中無可取代的存在。
直到大家長爸爸也同意讓她進門，終於正式收編，苦盡甘來。

感謝那一天，在百家燈火中，你毫不猶豫地選了我家這一道門。
你走進了門，我們手牽手成了家人。是說好的幸福，不棄不離。

NO.15

Pingu 穿過 200 公里的幸福

被送養的時候，約 10 個月大的 Pingu 已經不是最萌的年紀。他有過敏體質，需要特別照護，剪耳也表示他有過一段在街上的日子。

但，遇到對的他的時候，這一切都能被概括承受。想尋求的不是完美的對象，而是彼此契合、能一起生活的對象。現在回頭想想，在準備好迎接一隻貓進入生活時，能和這樣的 Pingu 相遇，心底是充滿感恩的。

穿過 200 公里，新竹到台南，終於找到了心的歸屬。一人一貓的身影，是旅程中美麗的風景。

愛他，就是愛他的全部。
而你，也是他的全部。

NO.16

大發 幸福湊一腳

大發被火車撞到了。

他原是自由自在的貓，與大家都有好交情。到哪裡，都有為他留的一口飯。

那天，在鐵軌附近被發現的他，傷勢嚴重。關心他的人好多，大家奮力搶救，找了名醫、神醫，經歷多次生死交關的手術。沒有人說喪氣話，沒有人想過要放棄。

大發回來了，不過不是變成三腳貓，是變成少了三隻腳的貓。

雖然知道他愛在工寮附近自在的生活，但此刻不得不向命運低頭。大發被請回家供著，讓人照料他的吃喝拉撒，重傷後的他不僅不憔悴，還不爭氣地胖了。

「就接受剷屎官的好意吧！」福態的大發瞇眼感到滿意。

NO.17

Aki 微微右傾的幸福

Aki 的頭總是歪向右邊。

被寵物店遺棄後是如何流浪到動物醫院送養籠，已經不再重要。感謝那天帶狗狗去看醫生的友人，和 Aki 對看了一天後，覺得 Aki 讓他想起了一個朋友……就這樣默默牽起了 Aki 命運的紅線，交到了對的那個人手裡。

在生日那天帶了 Aki 回家。我們約定好，從今而後每年一起過生日。機伶又溫柔的 Aki，用他的方式暖了全家人的心、軟化了大家對貓的態度，溫柔而堅定地成了大家的貓主子。生活，有了他的身影，變得更加豐富和寬廣。

微微右傾的幸福角度，讓日子從此有了不同的溫度。

NO.18

奶球 寂靜中的熱鬧

不知道從哪天起，奶球孤伶伶地出現在觀音山上的雜貨店前。髒兮兮的她認真看著每個來客，努力邁步跟上每個看似可靠的背影，希望有人能夠幫她……回家。

一次又一次被送回店裡。她也不氣餒。仍傻傻地、堅毅地，以為跟著走，就能找到家。

直到那天，好心的林先生接走了她。到動物醫院檢查、治療、上網公告找失主、中途並找新家。

原來奶球先天雙耳失聰。原來她的毛色是那樣潔白。但卻不知道她原來是來自何方。

心疼她的無助，林先生層層篩選，終於幫她找到了可以待一生一世的新家。新家裡有 No.31 Miumiu 和 No.29 拉拉，還有非常愛奶球的爸媽。

在她安安靜靜的世界裡，幸福正熱熱鬧鬧地在蔓延。

NO.19

阿肥 六十石山的幸福貓

他是花蓮六十石山半山腰土地公廟裡的在地貓。
阿肥的媽媽生下他們三兄弟後，有一天再也沒有回來。

看著許願、還願的人來來往往，唉！都只是過客。
嗅著空氣中飄來的金針花香，每天有附近民宿的愛心媽媽來餵食，日子也還過得去，就好。

直到三兄弟病死了一隻，心疼的愛心媽媽將剩下的兄弟帶回了民宿，照料送養，希望讓他們有機會長大。阿肥在馬拉松路跑的那天，遇到了來投宿的那家人，他知道緣分到了。

阿肥神奇地讓這家的爸爸克服了恐貓的心病，臨行前去了趟土地公廟。謝謝祢的保庇，再見。

在 300 公里外的台北，愛與被愛的生活即將展開。

NO.20

波比 自得其樂的行動派

波比原本和貓媽媽在菜市場討生活，直到那場車禍帶走了母貓，措手不及。攤商心疼小傢伙生活不容易，撈起了她放在紙箱，陪她一起期待著機會。

這邊，正想著要幫家中的 No.27 小不點找個貓朋友的時候，波比的紙箱就這麼剛好出現在眼前。天時地利人和，波比終於有了家。

波比是個大嗓門，喜歡大聲呼叫剷屎官們來服務。可惜的是，活潑好動又大辣辣的波比沒有辦法融化小不點那傲嬌的心，只能讓她們住在不同的房間避免摩擦。

不懂為什麼小不點大姊都不願意一起玩呢？！
不過波比也非常能自得其樂，誰都不能阻止她跳躍和熱情啊～

行動派的波比，每天都很熱鬧地生活著。

不管過去是在街頭出生，或者遭受拋棄，

從踏進你的家門開始，牠的目光只有你。

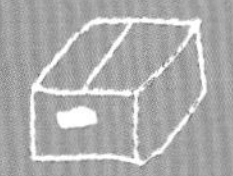

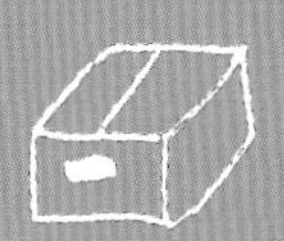

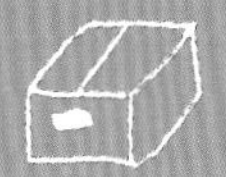

NO.21

斑斑 只是在等對的人

因為被推測缺乏街頭生存能力，三個月大的斑斑結紮後繼續待在動物之家志工團。開放送養一直到一歲多，終於有人來下訂。

誰說人生一定要有精采的故事呢？低調平順，也是一種福氣。然而每次有人來看貓時，還是忍不住地，偷偷有點期待。假裝不太在意地瞄過去，嗯，是你嗎？不是的話……也沒有關係啦……唉！

終於，讓斑斑等到成為主角的那一天。你的好，他全都明瞭。

人家都說笨鳥慢飛。
斑斑偷偷地笑了。
我只是在等那個對的人來接我啦！

NO.22

咪兔 為她而點亮的窗

某個周日夜晚，個子小小的咪兔，獨自躲在便利商店前的車下哭哭。

早已不記得在哭什麼了，好多人來來去去，她倍感無助。只知道後來遇上了一雙溫暖的手，帶了她過馬路，安撫著，說著：「別哭了」、「是餓了嗎？」說著：「人生養的第一隻貓也是這樣的三花呢！好有緣」說著：「我們一起回家吧。」

原本馬路對面那些對貓咪一點意義都沒有的房子，那夜其中一個窗戶為她亮起了燈。從此一切變得不一樣。

原來家那麼近。

NO.23

POKA 用萌征服世界

原本 POKA 是在花蓮被定點餵養的小貓。住台北的家人回花蓮時看到她，覺得實在太萌了，這麼可愛的小貓，怎麼可以放她在外面流浪呢？於是計畫帶她回台北，想為她找尋合適的人家。

從花蓮的路邊到台北的家裡，並非一路順遂，但 POKA 就是有辦法融化每個人的心！清潔、驅蟲後，輾轉從花蓮郊外來到了大都市。她以白白胖胖的萌樣逐一軟化每個家中成員的心；終於破除萬難幫自己找到了可以一輩子停留的家，登上萌主寶座，過年還有紅包拿呢！

長得萌，真好。

NO.24

莫 在安全島出生的朕

在馬路中間的安全島上出生，其實一點都不安全。在車水馬龍環伺中產子，貓媽媽應該也是百般無奈吧！被發現後不久，我們這一窩母子很快就被救援到中途去了。

在中途的日子，同胞的兄弟姊妹陸續被選中認養。終於，有雙眼在我身上停留了再停留。哼，那人竟然覺得我黑黑的又不親人，應該難送養，所以用「當做善事吧！」的臉挑了我。第三天就睡在他臉上，讓他知道誰才是主子。

蹭著毛毯，瞇著眼環視了一下領土。嗯哼，還算滿意。
朕小憩一下，再來做一個冒險的夢吧！

NO.25

Elijah 幸福的瞬間

Elijah是繁殖場丟棄的三腳貓。也許是基因上的缺陷，從小就病痛纏身，感染、腹瀉……不停重複著，一關籠就吐。

被接到中途的時候，很兇。牙和爪併用，不安地防衛著所有靠近的人類。看著像黃鼠狼般的佝僂身影，大家心疼著，卻無法撫平他的不安和疼痛。

直到被認養回家的那天，他定定地看著在洗澡的新主人，突然開始呼嚕。主人非常驚喜，也許Elijah自己也嚇了一跳。他從此變成了溫馴的家貓。一年後，他的長毛由黃變白。這才還原了他的本色。

那個感受到幸福的瞬間，就是奇蹟的原點。

NO.26

米米 在雨中願望成真

想養一隻貓的念頭越來越強烈。
在網路上來回搜尋，希望能遇上對的那雙眼。然而，好事多磨。這過程沒有澆熄熱情，反而讓渴望更加強烈。

心誠，則靈。
一直想著投緣的貓在哪兒，就遇到雨中的小米米迎面走來。
很怕是自作多情。但她撒嬌又呼嚕。要跟我回家嗎？她蹭到了身上相依著。
原來，我們在等著這樣的相遇。

在颱風前夕的那一天，心和風雨一樣漸漸激昂了起來。
小心翼翼地將米米納入懷中，她為自己找到了最舒適的角度。我們，快一起回家吧！

NO.27

小不點 不隨便給出的友好

在考慮養一隻貓咪陪伴的時候，小不點正好出現。不像她同胞的兄弟幼貓忙著靠近撒嬌示好，她踞在遠遠的角落，靜靜地偷看著來者，用眼神電暈了她選好的人。

正好是想要的女生。
正好是適合送養的年紀。
正好相遇時彼此都需要對方。
正好，那時深深地看入了彼此的眼。

獸醫說她是兇兇貓。她不親人，也不相容其他貓。佔有慾很強。後來進家門的貓妹 No.20 波比，無法取得她的友誼好失落。

沒辦法，小不點是很有原則的貓。不會隨隨便便就給出，正好。

NO.28

逮丸 愛他像呼吸一樣自然

永遠記得，是在 318 學運期間遇上了他。

飄著細雨的那天，路邊樹叢發出好大的小貓哭聲。
找到他帶去獸醫院檢查時，資料欄很直覺就寫下了「逮丸（台灣）」這個名字。確定他的狀況後，已經不忍心將這麼幼小的他送回街頭。於是努力想幫他找個穩定的家，終結躲在路邊哭哭的生活。

當時在那時空背景之下，送養的資訊被大量的學運訊息蓋過。唉！大家都是冀望逮丸能有更好的未來。現在看來，一切是注定。

他闖進了我的生活，雖是始料未及，但一切竟是如此契合。
從此，愛逮丸是像呼吸一樣自然的事。

NO.29

拉拉 再也不孤單

在拉拉山見到他的時候，小小的身影踽踽獨行，身上散發著落魄的氣息，看起來像個迷惘的靈魂。
哎呀！真揪心。不遠不近地陪著他等了一陣子。唉，果然沒有貓媽媽。

不忍心。

再看了他一眼，就決定將他帶下山去檢查。發現胃裡只有樹葉。唉，這麼小的孩子，不忍心啊！

於是，苦盡甘來地，拉拉擁有了為他擋風遮雨的屋簷。再也不必空著肚子，再也不會是自己一隻貓。
再也不必等著，不會回來的家人。

拉拉現在是溫柔帥氣，但沒有偶像包袱的王子貓。
感謝那天的決定，讓他的美好有機會被珍惜，被看見。

NO.30

橘寶 為了對的相遇

橘寶在萬里附近的山上流浪。
不知道為什麼受了很嚴重的外傷，前肘血肉模糊可見韌帶。附近工作的人說那傷已經有 8 個月了。

準備了乾飼料和水去看看她，機車才剛停好就看到她著急地匍匐爬行過來，彷彿約好了，就像是知道不能錯過。

那身影如何能讓人放下？誘捕橘寶下山治療，住院了 7、8 個月。康復後已經不能放這個乖巧溫柔的她回山了，索性請她當店貓顧店，退休後回家偶爾兼職帶小貓，她都沒有令人失望。

生命的韌力，或許就是為了堅持直到對的那場相遇。

NO.31

Miumiu 終於等到的家

5 歲之前的日子，不斷地換主人。
一次一次一次又一次，那些屋簷能擋風遮雨，但卻沒法阻擋漸漸蝕心的寒冷；停留過的地方，都稱不上是家。累積下來的不穩定和不長久，讓 Miumiu 用凶狠來包裝無助，用冷漠來隱藏不安。

透過網路，投出最後一絲期待。
這次，感謝回應的是個有溫度、有耐心的家。真正的家。心結也許需要更多時間才能打開，但 Miumiu 的皺眉已漸漸被撫平。

有一天，我會記起怎麼微笑。不要再把我打包送走。需要的時候請摸摸我。
請……好好愛我。

每一個來到你身邊的毛孩子，

都是天賜的驚喜，改變牠，也改變你。

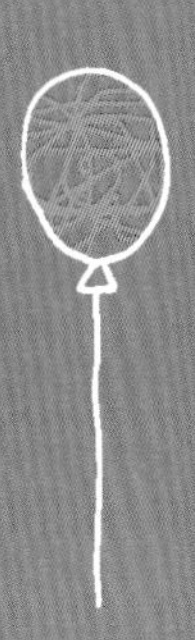

NO.32

咪咪醬 加油站邊的緣分

誰說認養很容易？

每天搜尋各個認養相關的社群論壇、做了好多準備和功課，和中途聯繫，面試媒合。但，始終不順利。生命中的那隻貓到底在哪裡呢？直到那天被表弟推薦去了某加油站看看。

誰說認養不容易？！

在加油站附近流浪的咪咪醬非常親人。

當那個想要收編他的人出現時，他也毫不猶豫地被小魚乾和起司球收買，高高興興地去了新家，放心地睡到翻肚。貓奴為了他精心鑽研製作的貓食，也都開心地吃光光，超級捧場啊！

嗯，只能說，這就是緣分。

NO.33

Kiki 粗獷的溫柔

Kiki 是隻有菸酒嗓的幼貓。

親人的他坐姿腿開開的，非常大叔。

他總是用誇張的大嗓門說話，還以為是有內建麥克風哩！

這是與生俱來的豪邁。

沒想到這樣看似粗獷的他還很會照顧其他貓，彷彿是個大家長，熱情又細心，溫柔又堅毅。真的是鐵漢柔情。

雖然不清楚當年這麼幼小的他，被送到中途之家之前的日子是怎麼過的，但能確定的是，如今這位友善大叔的公關才華，一定不會被埋沒。

NO.34

Q比 怦然心動的感覺

被遺棄在防火巷的一窩小貓啊……
Q比和兄弟姊妹躲在垃圾堆裡。附近有野狗群，也有毒貓事件，而媽媽卻不見了。就算肚子好餓、全身癢癢的也不敢跑出來。直到有好心人發現了他們，送去了動物醫院和中途之家，終於，暫時遠離了死亡的威脅。

那天在中途之家那邊看到Q比，整個怦然心動。
不論是對可愛的Q比，還是對那位美麗的中途，心中都是盈滿了悸動和熱情。那隱隱觸電的感覺，讓我確定了一直在找尋的就是妳。

在對的她出現時，懂得不能錯過。
緣分，就是這麼一回事。

NO.35

小咪 給我一個貓罐頭的時間

啊！好想養貓。但家人反對，那個小小的渴望只能先掩在心窩，蟄伏。

那天，市場廢棄攤車下傳出細細的喵嗚聲，那麼無助，沒有媽媽，而且，聽起來好餓。用最快的速度去買了貓罐頭。小咪靦腆卻神速地吃光光。用了一個貓罐頭的時間，我們做了改變彼此命運的決定。

輕輕撈起幼嫩嫩的小咪，先試著幫她找個家。看著她的眼睛，掙扎了一下，唉，何需捨近求遠？硬著頭皮帶回家後，所有家人竟迅速接受了小咪……原來，我們都是被動地等著緣分。

NO.36

古力 心意值得掌聲鼓勵

擁有明星臉真的好困擾啊！嘴邊的那顆黑痣讓古力的臉超受歡迎。

在認養會上和他眼神交會的瞬間，還以為是丞琳還是陶子姊來了。一回神，發現自己已經在填資料候補認養了！在競爭激烈的認養盛況中竟然有機緣能領養到他，覺得一定是心意感動了上天，真值得掌聲鼓勵鼓勵～所以決定取名叫做古力。他的英文名字是 Green，正好向心愛的蘇打綠致敬；古力真的是和演藝圈很有淵源呢（誤）！

外表喜感又好脾氣的古力，讓新手剷屎官覺得信心大增。
有他的日子，每天都有微笑。

NO.37

喜力 是你嗎？等你好久了

自從當了 No.36 古力的剷屎官後，開始留心路上的自由貓，希望能盡一己之力，多少為他們做些什麼。

有過一次成功的車底救援和送養經驗後，又遇上了一窩母帶子。其中一隻幼貓病了，幾經考量下還是將她誘捕送醫。醫療完成後本想送養，但發現她和家中的古力相處融洽，照護她的這段時間也讓她成為了家人。於是，正式收編了喜力。

「喜力」是老早就準備好，要給第二隻貓的名字。喜力嗎？（是你嗎？）是你要來當我家的孩子嗎？

我和古力，等了妳好久了。

NO.38

Lulu 撈起翻轉的人生

Lulu 出生後還沒睜開眼睛，就掉到了水溝裡。媽媽著急地呼喚，但，卻搆不著她。
黑暗之中所有的感官逐漸失溫。唉，難道連看一眼這世界的機會都沒有嗎……突然有一雙溫暖的手撈起了她。幼小的她被送到了一戶人家之中，從此翻轉了彼此的人生。

這戶人家全體住戶用盡心力讓 Lulu 健康快樂地茁壯長大。她樂全家笑，她病全家憂。連 Lulu 的那位自由貓媽媽，也成了這戶人家定點餵養的貓口。

相信每個生命降生到世界上，都有自己的任務和歸屬。找到了對的地方，一切就是那樣理所當然，安定靜好。

NO.39

叉燒 大難不死必有後福

從大甲到東海，一路上躲在引擎蓋裡取暖的叉燒不知道有著什麼樣的心情呢？
用了一隻香噴噴的大雞腿和三個貓罐罐，大費周章地終於把喵喵叫的小貓咪叉燒誘捕，救援到動物醫院檢查。小叉燒除了全身黴菌以外沒有其他外傷，真的是太福大命大了！

大難不死必有後福這句話是真的。
剷屎官非常悉心照料這個撿回的小生命。後來，溫柔貼心的叉燒治好了身上糾纏的黴菌，還原了亮麗的毛色。不過在非常滋養的食補之下，他也從孱弱的小叉燒變成了6公斤的胖……呃……壯貓，哎呀，是幸福肥啦！

NO.40

粉刺 合作無間的默契

粉刺實在不想和同胞姊妹 No.41 布魯分開。
於是偷偷說好了，只要有認養人來我們倆就抱緊緊，然後用萌翻了的眼神眨巴眨巴，讓那人知道中了「再來一隻」的大獎……嘻嘻，一定沒有人擋得住這招的啦！

果然，她們有一輩子當家人的福份。
一起到了新家，姐妹花養成了合作無間的生活默契。粉刺直率包容，布魯熱情機伶。吵架了誰負責和好、想出去玩了誰負責開門（咦！）……人類出現的時候誰去撒嬌、人類心情低落的時侯要用什麼隊形包夾她入睡。點點滴滴，平淡卻蘊含濃烈。

NO.41

布魯 緊緊抱一起

在異地工作好寂寞呢，想養貓的念頭越來越強烈。

得知友人家的庭院有一窩小貓初生，看著照片幼嫩嫩的都好喜歡啊！怎麼辦？但理性評估了一下居家和條件，嗯，告訴自己只能選一隻。就一隻。

決定主子是 No.40 粉刺了。到了現場，和粉刺緊緊抱在一起的布魯說什麼也不放手。唉唉唉這樣犯規啊賓士小朋友！說好只能一隻的啊……經過十萬分之一秒的掙扎，我懂了，沒有人可以拆散你們！眼睛一閉通通迎回家！

太機伶了啊～布魯，機會果然是留給準備好的人呢！

你可以讓牠們繼續餐風露宿，

但更能選擇讓牠們有個家。

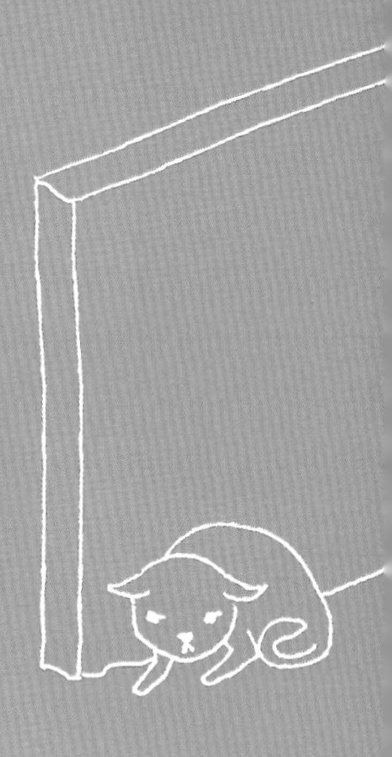

NO.42

阿嗚 一拐一拐的光彩

第一次在路邊看見阿嗚，就有打算帶她去檢查。
沒想到再看到她，已在車底下奄奄一息，脖子上有令人心驚的咬痕。緊急送醫後收到三次病危通知，又住院一個月，總算撿回一條小命，不過右半邊的身體被宣告癱瘓了。

阿嗚雖然手腳不靈便，但她用自己的方式，一拐一拐地有著阿嗚式的靈活。撿回來的人生，也擁有自己的光彩。

之前養的 No.74 叮噹，11 歲時壽終正寢了。默默地感覺，阿嗚是叮噹安排來陪伴我們的。對於愛與包容的課題，還有很多等待我們去學習。

NO.43

徠卡 Leica 等待都值得

徠卡不知怎地當了爸爸。
徠卡不知怎地和這一窩咪嗚咪嗚小毛球以及貓媽媽，一起被打包到一個籠子裡，在月色昏暗的夜裡，被遺棄在收容所的門口。

人來來去去。貓媽媽和小毛球們很快被選去，也沒能好好地說聲再見。
剩徠卡一個。像是烤焦的麵包。不可置信，不明所以。

他寂寞的嗚咽的身影被錄下，在網路上不斷轉傳，終於讓對的人來到了他的面前。
家中已經有一個 No.30 咪咪醬貓姊姊在等著他。忐忑、磨合、熟悉。從孤孤單單到熱熱鬧鬧，徠卡所有的等待都變得值得。

NO.44

Eloise 陪你，再長一點點就好

5 歲的自由貓 Eloise，毛遂自薦地出現在舊金山某動物收容所的後院。
因為不合群又格外對小貓沒耐性，她沒有進駐一般認養區，而是非常特別地獨自住在員工休息室。

那天，那對夫妻參觀過認養區後，沒有找到他們想認養的貓。在員工的推薦下來到休息室。Eloise 端出最高等級的小跑步和踏踏來迎接他們。當下，人貓心中都做了決定。緣分，妙不可言。

他們一直沒把 Eloise 當孩子。相遇的時候她超過 5 歲，大概是人類的中年；因此他們當她是貓室友，是同一個屋簷下的人生夥伴。發現自己竟會對貓過敏的夫妻倆，從沒有想過放棄 Eloise，寧願備好過敏藥，也無法拒絕每晚 Eloise 想進臥室一起睡的要求。

相遇，不會恨晚。只求上天能讓幸福延長，歲歲年年，能讓互相陪伴的日子，長一點點、再長一點點，就好。

NO.45

阿喵 有你才踏實

本來阿喵是在工作場所附近的浪貓，和他的交集也就是每天一次的愛心餐。

但他消失了兩天。

是遇上了麻煩嗎？有人認養他了嗎？會不會是卡在哪裡？這 48 小時裡心中轉過五萬八千個揣測，正在惆悵沒有好好幫他的時候⋯⋯他突然又出現了！

這一定是我的心意感動天，老天爺再給我一次機會吧？！立刻拐阿喵回家，幫他洗香香和看醫生，心想這次一定要幫你找個安穩的家才能安心。
忙了一陣子，發現家裡有他的身影才踏實，還篩選什麼呢？這裡就是最適合他的溫暖的家啊！

就這樣，心甘情願有了貓主子，有他在身邊，啊～心中無比踏實。

NO.46

嗶啾 令人驚喜的 +1

原先，沒有人意識到嗶啾的存在。

親友家的貓當了媽媽。產檢時超音波看到 4 隻幼貓，但生產那天，第 5 隻探出頭的小北鼻嗶啾給了大家好大的 +1 驚喜。身為個頭最小的老么，樣貌最不起眼、喝奶總是搶輸、一不小心就會被兄姊當肉墊躺。

幼貓滿月的時候，因為家族旅遊，整窩貓母子送去了女孩家寄宿幾天。得知這窩幼貓要準備送養，女孩正好藉此機會觀察這些幼貓的個性。一次對上眼的瞬間，女孩和嗶啾深深地看進彼此的靈魂裡去。「就是你了。」於是，嗶啾留了下來，從此，靈魂有了伴侶。

契合無須原因，遇上的瞬間就是知道了。
生活有了 +1，是彼此的幸福。

NO.47

東東 與貓作伴，與你作伴

「哥哥吃飯都會先讓著弟弟吃。」

想養貓。想養一對貓彼此作伴。就在這麼想著的時候，看到了一篇送養文，看到了這一句有著溫度的話。就這樣揣著心頭的暖意，去接了阿姆斯和東東這對貓兄弟回家；而且意外地，因病不在送養清單中的同胞小弟 No.48 白手套，也一併認養，成了家人。

萬人迷東東有一雙電眼，天生是活潑外放的發電機，容易自嗨，唯一能阻止他的是沉穩又霸氣的哥哥阿姆斯。親和瘦弱的白手套總能觸發大家心底的溫柔，無論如何玩耍胡鬧，夜裡還是毫無間隙地窩在一起睡覺。

幸福，簡單卻又不簡單。

NO.48

白手套 買二送一的幸福

原本打算養兩隻貓，讓他們彼此有伴。看到中途貼出送養照的阿姆斯、No.47 東東這對貓兄弟超級有愛，所以很快就決定要認養他們，當一輩子的家人。

到了現場一看，原來這窩幼貓兄弟還有一隻格外纖弱的老三白手套……貓中途知道他需要較多醫療和照護，因此沒有讓他進入送養名單。但，大哥和二哥也護著小弟，三貓不願分離怎麼辦？他們三個抱緊緊的，不想就此分開，咪嗚咪嗚，可憐楚楚。是的，就當作中了買二送一吧！

貓中途化身為顧問級乾媽，新手家長靠著毅力和熱血，一路就這樣把三兄弟平安拉拔長大了！

NO.49

島油 逢凶化吉

長相秀氣的島油，是那窩小貓中最後一個找到歸宿的。
幼嫩的島油，一定沒料到初來乍到的世界會如此多舛。因為貓瘟，她的認養條件更為嚴苛。希望她是那個家中唯一的貓，還有必須多一點點的健康關照。

感謝老天爺沒有讓溫柔的島油等太久。符合條件又非常愛她的剷屎官很快就自動對號入座了。

默默地懷疑島油是不是有內建逢凶化吉的技能？！除了從貓瘟中存活了下來以外，原本家中長輩一看到她，立刻聲明：「不要讓貓上床！」，但 10 分鐘後，就聽到軟軟的聲音說著：「快過來阿嬤抱抱喔～」相信小福星島油再來的貓生一定會妥妥當當的，平安喜樂。

NO.50

島乳 走向萬里無雲

因為之前認養 No.49 島油的經驗像是好酒沉甕底，當時以為是大家挑剩的最後一隻貓，一定有點難纏，但事實上卻是超優質的貓主子。剷屎官怕心愛的島油寂寞，於是向同一位中途提議：「你哪邊還有沒有送出去的貓嗎？我想收編～」然後，非常害羞、萬事皆怕的島乳就來到了這個家。

膽小又內向的她過去不知道發生了什麼事，需要很多的愛心耐心，以及等待。
那，就讓我們成為她堅穩的後盾吧！不能為她抵擋過去的風雨，至少讓我們陪她擦乾身體。等島乳準備好了，再一起走向前方的萬里無雲。

被肉球拍醒的早晨，

是只有與毛孩作伴才能享受的幸福。

NO.51

ㄉㄡˇ ㄗㄞˊ 最愛的位置

女孩正想著想要養貓的時候，男孩家旁的車底下立刻鑽出一隻蹭褲腳的小虎紋，非常友善，萬分熱情。若這不叫天意，什麼叫天意？！

可愛的ㄉㄡˇ ㄗㄞˊ 到了新家，有點忐忑、有點驚喜、有點害羞。躲在桌子下面的她，仔細地觀察新環境，想在這裡找到自己的位置。花了一周的時間彼此磨合，從此成了一輩子的家人。現在已經退去乾癟瘦小的青澀模樣，變成人見人愛的豐腴小胖貓……啊～啊～那是幸福肥啦！

每晚堅持要和女孩擠同一床睡覺。那是ㄉㄡˇ ㄗㄞˊ 在家中最愛的位置。

NO.52

電燈泡 最閃亮的焦點

是不是每個家長，都會覺得自家的孩子最可愛呢？
但我家的電燈泡，真的是全世界最帥、最可愛的貓無誤。看到他的人，都無法移開視線；彷彿內建瞳孔放大片的雙眼，圓滾滾的晶瑩電眼加上雙眼皮翹睫毛，再加上愛說話的悅耳喵喵聲⋯⋯傳說中的萬人迷，一定就是這個樣子吧！

當年，電力四射的電燈泡是認養會的閃亮焦點！他的剷屎官職缺非常搶手，不抱太大希望地填問卷、面試，然後就只能看著電燈泡的兩道小眉毛，搓手期待。確認錄取的那一刻，當真比中樂透還開心啊！電燈泡個性像狗，黏人、愛吃、話不停。他是全世界最可愛的貓，無可取代。

NO.53

MIKU 總有一天會成功

貓媽媽留下眼睛腫得像金魚一樣大的幼貓，拍拍屁股就走了。撿到她的男孩和女孩，面對這樣幼小脆弱的生命顯得手足無措。誠惶誠恐地帶她就醫，細心呵護，無法坐看這幼小的生命從自己的指縫間流逝。謝天謝地救回來後，又開始新手奶貓的大挑戰。總算是成功養起來了，白白胖胖，嬌俏動人。

然而 MIKU 和男剷屎官比較好。女剷屎官還在努力。明明是一起照顧的啊……為何會親此薄彼？！不親人是嗎？沒關係，總有一天……哼！總有一天啊……嘿嘿……女孩一邊哼著歌一邊剷屎，心底默默地期許未來。

NO.54

小玳 原是不羈的風

小玳原先是在路邊餵養的浪浪。看她挺機警，也就讓她這樣以街為家。原以為和她的互動，就是這樣每日一次的餐車問候。直到目睹無禮的孩子驅趕她、被機車撞跛了後腳、懷孕大了肚子，卻被機車撞到而小產……終於忍不住出手收編。

她肚裡的孩子，沒有緣分來到這世上。
知道她原就是不羈的風，又能理解小玳這一路走來的心理創傷和陰霾。不安、不親人，需要更多時間，我們懂得。這屋簷就是她擋風避雨的港灣。

小玳，我們陪你一起等天晴。

NO.55

貢丸 腥風血雨都過去

他沿著街邊走來。沒有人知道他之前經歷了怎樣的戰場，只知道個子小小的他，凶巴巴，斷了一顆牙，舌頭缺了一塊。

有人發現了他，開始每天定點餵養。新鮮的餐食、溫柔的問候、風雨無阻。漸漸地讓他放下武裝的戾氣，開始願意相信，開始親人。他的改變也影響了周邊的人事物，附近店家幫他取了貢丸這個名字。餵養人帶他去結紮，發現他身上還有許多大大小小的傷……太心疼了，默默地就收編了！

什麼腥風血雨的日子都過去了。不必戰鬥拚生活，在家可以安心當一顆小小的貢丸，就好。

NO.56

滷蛋 孩子，歡迎回家

滷蛋是個無法解釋的孩子。
生下他的，是貓媽媽 No.54 小玳。她前一胎因故小產，在家休養著，打算等身體較強健了後，再去結紮；而家中唯一的公貓 No.55 貢丸是淨身後才進這家門。
那⋯⋯滷蛋⋯⋯是怎麼來的呢？！這個懸案，讓大家想破了頭，都沒有辦法理解。連獸醫都喃喃地說：「不可能啊？怎麼會。」

滷蛋的毛色和小玳之前那來不及出生的孩子一模一樣。當時，送那夭折的胎兒上路時，有請他找個好人家去投胎，說著有緣會再見面⋯⋯所以，真的是你嗎？那麼，歡迎歸來。

NO.57

小玉 乾脆收編吧！

某一天，非常親人的小玉，突然出現在路邊餵養浪浪的地方。
疑似遭人遺棄，他對陌生環境感到無助，卻依然很親人。像是有好多話想說，卻只能著急地看著人，不知所措。

這般親人的貓，不適合在街邊討生活。於是撈起小玉一邊幫他找認養人，一邊帶去健康檢查和結紮。在治療口炎和調養的過程中，原本找到的認養人緣分不夠，先放棄了。又不忍心讓照顧了這麼久的孩子回去街頭流浪⋯⋯所以，就繼續調養，乾脆收編吧！

這個家，永遠有小玉的一口飯。

NO.58

黑米 有福報的孩子

友人在路邊發現一窩 4 隻喵喵叫的幼貓。等了很久，確定貓媽媽不會回來了後，將他們帶去檢查、安排認養。因為小貓們實在太可愛了，送養很順利。最後一隻找到好人家的，就是黑米了！

黑米年紀小卻完全不怕生，才巴掌大的她到新家後，很快就熟悉環境、掌握狀況，非常有個性的她很快就建立好自己貓主子的地位，調皮搗蛋地長大。

沒有吃太多苦就順利找到一生一世的好歸宿，只花一點時間就得到大家全心全意的疼愛，想想黑米真是個有福報的孩子呢！

NO.59

黑輪 始終認真活著

貓媽媽離開了。1 個月大的黑輪身體不聽使喚，怎麼樣也追不上、喚不回她的背影。開始感到黑暗和寒冷的時候，那個眼睛亮亮的女孩撿起了她。

她將小小的黑輪裝在鞋盒裡四處求醫。從沒想過會養貓的女孩，第一件要學習的事，竟是如何照護癱瘓貓，以及如何為她人工擠尿。一天天過去，看著被宣布終生癱瘓的黑輪始終認真地活著、毫不折扣地當著驕傲的貓主子，女孩不禁也感動了。

生命中的困境，如果不能克服，那就學著與之共舞。
謝謝黑輪告訴我們這樣重要的事。

NO.60

咪咪 帶來生命的寬廣

咪咪是癱瘓的成貓。
因為已有照顧癱瘓主子 No.59 黑輪的經驗，看到網路上癱瘓的咪咪即將被送回收容所的消息，沒有考慮太久就去接了咪咪主子回宮。

不曉得他之前的到底有著什麼樣的故事，只知道一定有著滄桑。他已是成貓，又有嚴重食異物癖、還極度黏人，比黑輪主子更難纏一點。但是沒關係！就是多辛苦一點點，卻可以換到咪咪能調皮搗蛋的日子，怎麼看都還是很划算的啊！ 能當上他們的剷屎官……不，是擠尿官，是殊榮！謝謝他們，帶來生命的包容和寬廣，讓人生滋味更濃。

悠閒的下午，

你看著書，牠在你懷裡看著你，

歲月靜好，現世安穩。

NO.61

皮蛋 安心做自己

相遇的時候，皮蛋跟貓媽媽在一起，幼小卻病著。憂心那麼稚弱的他可能撐不過去，擔心貓媽媽也許會本能地放棄這個帶病的孩子；日裡夜裡想了又想，唉，咬牙回頭去撈起他，改變了命運。

把他抱離貓媽媽去就醫的那一刻起，皮蛋就注定要當我家的貓主子了。恢復健康後，皮蛋很快在家裡找到自己的位置。傲嬌臭臉是他的拿手絕活，不撒嬌、不抱抱是他的基本原則，十年來始終如一。在這個屋簷下，他可以安心做自己。我們都懂。

愛不必說出口，心照不宣。

NO.62

貓妹妹 在天上一切都好嗎？

困在地下室哭了兩天，是怎樣的恐懼？

也不知道為什麼自己會被困在那裡？狼狽地被救出來後，還狠狠大病了一場。好不容易戰勝了病魔後，終於苦盡甘來，孱弱的貓妹妹搖身一變成了這家最寶貝的貓公主。親人的她最喜歡蹭著人踏踏、吸手，冬天時更是會走動的暖暖包。溫柔的她擁有全家人的關注和依賴。

105 年 7 月，她去當了天使。很想問問貓妹妹:「在天上一切都好嗎？大家都很想你。」她走過人間的美好，在懷中留下的溫暖，我們永遠都會記得。

NO.63

可可 被騙也甘心

可可是天上掉下來的禮物。

按摩店大掃除的時候，從天花板掉下來了一隻小貓。店員撿起他用籃子兜著輕輕放回天花板隔間，但受到驚擾的貓媽媽已經頭也不回地率眾離開，可可在籃子裡叫了兩天，也喚不回，好無助。

可可改被安置在店前的送養紙箱，看起來我見猶憐。男孩路過好幾次，被可可亮晶晶的眼神吸引。大家遊説著，説：「黑貓都瘦瘦的，都很聰明耶。」，男孩中計帶了他回家。而今證實，肥大的笨黑喵貓主子是個小卒仔，同時也是個小霸王。關於黑貓的傳説，很多都是謠傳。但這次，被騙也很甘心。

NO.64

Maru 寄居變定居

在車水馬龍的隧道裡，人行道的水溝蓋上有一隻貓。等等，一隻貓？！

一邊騎車一邊以眼角瞄到貓的時候，還以為看錯。因為實在擔心在這交通尖峰時刻，小貓一時害怕亂衝，那就一定完蛋了。回頭再繞一次路，快速停車撈貓放置物箱，輕掩椅墊，一路盡快騎回家，好緊張啊！平安抵達了才能正常呼吸，啊～看到他安然無恙真是太好了啊！

本想暫時安置一下再正式幫他找家的，沒想到住了幾天發現和他非常合拍投緣，乾脆就這麼讓他定居下來了。我們不稱呼 Maru 為貓主子，而叫他貓王。他是我家最閃亮的巨星，擁有這個屋簷下全體粉絲的真愛。

NO.65

福氣 農曆初三來到好人家

貓媽媽臨盆之際遇到了一位好心人。

如果可以，希望能在更好的情形下相遇。但肚子裡的寶寶們等不及了。就算在她車上稀哩呼嚕生下了4隻小寶貝，她也沒有生氣，還提供豪華坐月子服務，真是太幸福了！每隻小小貓都被妥善照顧，也幫他們審慎篩選好人家。還確保每隻都養到3個月大、頭好壯壯了，才能開開心心出發去新家。

這隻名叫福氣的小女生，在農曆初三那天到了千挑萬選的新家。新家裡兩位小姐姐漾著甜美的笑容，她們知道福氣來了！她有緣來這個溫馨的家做最小的女兒，是彼此的福氣。

NO.66

小乖 天生公關奇才

小乖不明瞭為什麼好多人叫她「好醜」。

幼小的她走過了一個巷子又一個巷子，運氣好的時候蹭口飯吃，也許會有人溫柔地摸摸她的下巴；運氣不太好的時候，假裝沒聽到那些不太善意的稱呼，自己默默地走遠一點，也就這樣了。

直到那天她走進了這條巷子，巷頭一戶人家，不久前認養了 No.6 嘟嘟。相仿的年紀、一樣紛亂的毛色，長毛的嘟嘟有著好愛她的家人，讓短毛的小乖好羨慕。

愛屋及烏，本想收編小乖來和嘟嘟作伴，豈知小乖是天生的公關奇才。一摸就翻肚子，整條巷子的人都好疼她，競相餵食，每日早晚招呼。她沒有辦法決定要在誰家落腳，只好繼續當巷貓，盡力做到不厚此薄彼。

唉，人緣太好也是種煩惱呢！

NO.67

咪咪匠 藍圖因你而成型

女孩肚裡孕育著新生命，來到了一個陌生的城市，進入了一個新的家庭。既期待又忐忑，既熱鬧又寂寞。

男孩想了想後，默默地去接了在中途之家的幼貓咪咪匠回家。幼貓伴著母性滿溢的女孩，在那個小而溫馨房間裏，家的藍圖迅速成型。

女孩離開了小房間後，咪咪匠轉而馴養了男孩。每天固定時間的貓主子馬殺雞，是男孩與貓特有的互動模式，那些花在彼此身上的時間，讓對方變得如此重要。為了讓咪咪匠有玩伴，還加入了新玩伴 No.43 徠卡……不過她花了好一陣子才接受新人呢！咪咪匠的小房間裡，暖心的故事依然進行中。

NO.68

あき 毫不猶豫的決定

那一窩還沒開眼的小貓，被放在鞋盒裡丟在某公司外面。他們算是很幸運的，被救援到了中途。

あき(秋)是裡面最瘦小的。本來沒注意到他，但一靠近籠邊，他立刻靠過來翻肚，用肉球跟你擊掌，柔柔的喵喵叫，請你快摸摸……來這招誰能夠不融化呢？毫不猶豫地就決定是他了。

他是天生的公關貓。見面就是翻肚跟你套交情。對家裡的貓姐姐荔枝也有他的相處之道，是好朋友卻尊重彼此的領域，非常融洽。雙貓每天在家裡結伴探險，好不愜意！

看他一邊翻肚給你摸，一邊瞇眼呼嚕。有貓如此夫復何求？！連剷屎都微笑。

NO.69

豆豆 謝謝你們愛我

不怕生的豆豆，貓如其名像個瘦小的豆子。
非常愛撒嬌討抱抱，賴在剷屎官的胸口窩著。也很愛踏踏，可以獨自沉浸在踏踏的世界好久。從中途帶他回家後，覺得一路的美好和幸福都是如此的不可思議。

然而，幾個月後的腹膜炎，讓豆豆蜷縮成一團。
再也沒辦法行走。沒辦法踏踏。沒辦法撒嬌討抱抱。

醫生建議安樂死，好過痛死、餓死。
豆豆離開了。身體伸展開了。但是小腳腳再不能踏踏了。

動物溝通師轉述，豆豆說謝謝我們帶他回家、謝謝我們愛他。
也謝謝你來了這一趟，來當我們的家人。雖然短暫，但每天都幸福得好扎實。

NO.70

Chili 看著你，心情就會好

Chili在通往海邊的路上被寵物店老闆撿到。他瘦小又落單，滿臉分泌物，狀況看起來挺慘。還好治療了病痛、整理好儀容，看起來還挺有模有樣的呢！他開放送養後，吸睛度超級高……Chili臉上那顆摳不掉的鼻屎，真叫人過目不忘啊！

那女孩一看到他的臉就笑了，忍不住抱了又抱，好動心。通過審核帶他回家後，Chili正式成為家裡的開心果。再天大的事，只要看著他的臉，心情也會變好。愛討抱抱的Chili在家中的聲勢維持8年不墜。看這個情勢，他還會非常幸福地維持下去。

NO.71

丸子 開啟貓奴人生

貓媽媽在山上生活。這樣自由自在的生活很適合她，卻不適合她每次新生的孩子。她經歷多次生產、流產，這次懷孕終於被愛心媽媽誘捕成功，送到醫院去檢查、生產和結紮。

新手剷屎官面對一窩5隻小橘子，相來相去挑中了丸子。她雖然個頭小小的，卻十足傲嬌、慵懶任性，總是用著局外人的眼神在一旁看著，一切事不關己。唉，真的是典型貓主子啊！她是入家門的第一隻貓，感恩丸子貓主子開啟了貓奴人生，為之後的貓弟妹埋下了愛的伏筆。

用肉球規律地在你身上踩踏，

是牠最誠摯的依賴與信任。

NO.72

陶樂比 身有不便心仍寬

陶樂比本是在屏東某海岸餐廳附近的浪貓之一，但不清楚為何被貓媽媽咬傷。心疼那瘦小的身影，於是將他帶回家檢查醫療。

結果他需要超乎想像的治療。傷口化膿，每日 3 次針、還有穿刺引流，以及呼吸治療。裝著他的小箱子插滿管線。小小的陶樂比，右前肢是斜的、右後肢也是變形扁平足、左後肢關節僵直不能動。在這樣不樂觀的情況下，他活了下來，真的是奇蹟。

現在的他雖身有不便，不過還是甩著飛翔的耳朵活跳跳，每天和狗和兔子一起玩一起睡，彷彿那些苦痛不算什麼，重要的是活著的每一天，都是無憾。

NO.73

玳玳 經歷苦難不減純真

「好想活下去！」

天使般的玳玳來自猴硐，然而那兒卻不是貓的天堂。
不意外地染上了貓瘟，幼小如她幾乎沒有生存的機會。所幸，真的有人回應了她的呼喚。經過獨立志工社的救援醫療後，玳玳熬過數個月的隔離排毒期，柔弱的她硬是活了下來。即使病毒侵蝕了她的神經系統，導致行動障礙、聽力受損，卻一點也沒有抹滅她樂天與純真。

玳玳是貓瘟倖存下來的小戰士。她格外踏實地過著每一天，似乎沒有什麼能阻礙她活得精采。走路重心不穩的玳玳，每天以「追逐」家裡的黑貓姐姐為樂；而且總是最惜福地將食物吃得碗盤見底、毫不浪費。

好好地過活，是對生命最大的敬意。

NO.74

叮噹 永遠有你的位置

她是被繁殖場丟棄的金吉拉。

叮噹很幸運被救援，並且在獸醫那邊遇上了第一個認養者。然而，這個家裡的狗狗和叮噹水火不容，她帶著驕傲和氣勢和第二位認養者走，去了真正屬於她的新家。

叮噹是個冰山美人，優雅但冷漠。在剷屎官回家的時候，卻又會第一個出門迎接，並窩在她身邊陪伴。當時對於認養沒有太多常識，只知道最重要的是愛她、寵她，不棄不離，而沒有收編時馬上幫她結紮，讓她在晚年時罹患了乳腺癌。到了這個愛她、不求回報的家11年後，叮噹去當天使了。

她的存在，讓這個家理解了領養代替購買的真義，也開啟了日後領養更多貓主子的契機。謝謝叮噹，這兒永遠有你的位置。

NO.75

熊熊 獨特的眼睛、獨特的愛

模模糊糊的世界是怎麼樣的呢？！

熊熊 3 個月大的時候，也許是身上沾染到陌生的氣味，貓媽媽抓傷了他的眼睛並遺棄。撿到熊熊的老奶奶，將他緊急送醫之後摘除了一顆眼球，另一顆眼睛則有些霧霧的，視力非常有限。

一直想再找一隻貓寶貝陪伴叮噹。一看到熊熊獨特的眼睛，我們明白這樣的貓咪可能比較難找到一個家，於是 2 個小時後就出門接他回家了。熊熊現在已經 10 歲，噸位也頗為驚人。是隻叫得來，而且會跟著人後頭走來走去的乖孩子。很高興他和冰山美人叮噹姐相處和諧，他是家裡最令人安心的身影。

NO.76

鴨鴨 不是不溫柔

鴨鴨的臉超臭，卻是家中脾氣最好最溫柔的孩子。

有了 No.74 叮噹與 No.75 熊熊後，不打算再收編任何貓了。當時同事說他的朋友要棄養一隻成貓，他不忍心卻也無法認養。啊！怎麼可以棄養？！明知家中貓口已滿，但回過神來時左手就多了個貓籠，裡面還裝了一隻臭臉貓！

一開始鴨鴨並不合群，家人下了通牒，限定一周內要再送養出去。沒想到，這一周內，鴨鴨從不良少女變成人見人愛小媳婦，家人完全被小媳婦收服了，於是就這麼住下來了。現在她老了，聽力退化，我們用更多的愛讓她安心。無論智愚美醜，永遠、永遠都是最親愛的家人。

NO.77

涼麵 有你，黑白變彩色

103 年 8 月的某天，民眾拾獲一窩小貓裝箱抱來派出所。送收容所很容易，但幼貓幾乎沒有存活機會，於是大家想送養看看。

涼麵是這窩小貓中的愛吃鬼，身為愛心氾濫的小女警，秉持著一股我為人人，人人為我的奉獻精神，決定挺身認養這隻大食怪。剛從警校畢業分發到陌生的外地，又遇到情傷，熱情又率真的涼麵是讓人生從黑白變彩色的大功臣。家中那個等門的小小身影，看著他沒有煩惱大快朵頤的樣子，安撫了獨身在外打拼的寂寞、挫折和不安。

知道無論如何都有你在，真好。

NO.78

貝果 回頭帶走幸福

第一次的相遇，是在鶯歌深山裡。

在這樣偏僻的地方，竟然有這樣一隻溫馴的貓。她如此親人，疑似被棄養。但當時自覺沒有能力帶她離開，說了再見，希望她能好好地活著。午夜夢迴，有時會想起她孤單的身影，真希望能為她做些什麼。

相隔一個月後，再次來到同個地點，貝果拖著腳步出現了，一樣的親人，但外表已是嚴重脫毛外加營養不良。心愧疚地疼著，還等什麼，緊急帶走就醫！當了她 1 個月貓中途之後，再也沒有疑慮地決定收編。

個性友善又愛撒嬌的貝果是稱職的公關貓。真心感謝那天的決定，不再錯過，沒有遺憾。

NO.79

饅頭 怎麼樣都是心頭寶

饅頭他們一家四口在屋頂上生活。有天媽媽帶著一隻幼貓消失了，餘下一對不知所措的小兄妹，還在傻傻地等著，也許再撐一下，媽媽就回來了……

直到那天，妹妹饅頭不慎從屋頂上掉下來。這才發現她其實病了，狀況真的不太好，趕快緊急誘捕就醫。檢查、醫療，雖然已經盡了全力，終究還是留下了皰疹病毒後遺症。理所當然做了饅頭的貓中途，2 個月後怯懦懦又嬌小的她在這個家裡找到了自己的位置，決定正式收編。

饅頭非常膽小，像隻小老鼠，容易受驚。沒關係，慢慢來。在這個家裡，怎麼樣的饅頭都是我們的心頭寶。

NO.80

吉美 倖存的美好

那群街犬圍上來的時候，吉美只有兩個月大。

沒有誰能回答為什麼。只知道那些尖牙咬住身上的血肉時，第一次知道什麼叫做疼痛。狂風暴雨般的襲擊終於止息，但貓媽媽和所有同胎手足，都沒有挺過去。只有吉美，尚存一息。

有一位愛心媽媽發現了躺在血泊中的吉美。經過悉心治療和檢查，2 個月大卻只有 450g，營養不良。因傷，長短腳讓吉美將一輩子不良於行。待在貓中途的 3 個月療傷，讓嬌小的吉美感受到家的安穩，親人、親貓又愛撒嬌的她也成功收服剷屎官，為自己找到了一輩子的飯票。

她總是用盡力氣在吃肉肉，瘦小的她也好希望可以快快強壯起來。在這屋簷下，小吉美可以安心長大。

牠的夢裡都是你，

你的夢裡也有牠。

NO.81

幸福 感激你曾經來過

幸福來自澎湖七美。她生過兩胎後到了貓中途，因個性溫和一直都被其他貓咪搶食。看著如此溫柔的她，大家都真心希望她能夠被人疼惜、得到幸福，不要再被別人佔便宜。

一直很想養隻黑嚕嚕的貓。做了好多功課和準備、認識了很棒的貓中途。一聽到幸福的故事，立刻決定要迎回家的貓主子就是她。但，確定自己被認養了後，她就立刻丟掉了小媳婦的模樣，開始放肆地翹腳、仰睡，非常豪邁。啊！啊！原來是位演技派的主子呢！如今她無比自在又隨意，可以完全做自己，不論是柔弱還是耍流氓，這個家就是她的舞台，Bravo！

後記：
2017 年初，腹膜炎找上了幸福。
醫院和家之間來來回回。不忍看她這麼辛苦，輕輕地告訴她：「累了就休息吧，沒有關係……不用擔心我。」
幾天後她走了。離開了最愛的舞台。
感激幸福曾經來過。在百貓繪、在那些遇見過她的人心中，都留下了幸福的樣子。

NO.82

阿朱 接續上一份緣

阿朱獨自出現在陌生的街口，亮晶晶的眼裡隱約掩著一個秘密。

好心人將她帶去動物醫院檢查，看起來沒有什麼大礙，準備要開放送養。結果發現她開始脹奶，大家手忙腳亂地去發現她的地點附近找孩子。好險 4 個孩子們也命大，就在千鈞一髮之際被找了回來，一起加入送養的行列。

幾年前人生中第一隻貓「藍藍香」因腎臟衰竭離開了。這麼多年過去，依然十分懷念，滿懷虧欠，總覺得要是當時能再多為她做一些什麼，也許還能相處得更長久一點。乍見阿朱時，不覺心頭一驚。她和藍藍香有著一樣的毛色，不同的是身形較為消瘦，還脹奶。幼子全數找到新家了之後，也就挑了個吉時迎了阿朱回家。

一切是個新的開始。這次，沒有遺憾。

NO.83

咩 約定好好生活

當平時在餵養的虎斑貓首次帶著花貓咩出現時，我們還不知道日後會和她有這麼深刻的緣分。虎斑貓再也沒有出現了後，咩還是會在固定的時間來到餵養點，只是，有著更多謹慎。

花了半年的時間，一步步縮短距離，才讓她放下戒心，願意讓我們近身 1 公尺；一年後才真正能摸到她柔軟的細毛。她個性溫和、穩重，是渾然天成的氣質美女。
咩來去自由，喜歡在田埂上漫步，偶爾追追蝴蝶，午後愛在院子裡曬曬暖陽。晚飯後的咩散步回來，總不忘呼叫要進屋，到房間裡享受一段恬靜的陪伴時光。

她在後院生了兩胎小貓，貓姊和貓弟。孩子因意外事故離開後，曾透過動物溝通師想知道咩的感受。她說：「每個個體有自己的使命，如何離開向來不是自己決定的。也不必太悲傷。過好自己的人生，你好，我就好。」

那麼約好了，我們要一起好好的，不枉此生。

NO.84

奇奇 有了你才有以後

滿 30 歲那一年，人生到達了一種穩定的階段。給自己的新課題，是學習依賴與被依賴。

貓媽媽剛從收容所被救出，就給了大家一個驚喜，生下了奇奇蒂蒂兩兄弟。奇奇的照片非常吸引人，在蒐集很多資料、準備好環境、和貓中途懇談後，終於順利迎了奇奇主子回宮。

上班時從監視器連線看到奇奇寂寞的身影，很不忍心。想了想後再去接了蒂蒂來團圓。一切，終於圓滿。本以為幸福和樂可以長長久久，但沒想到奇奇 11 個月大時，因不明疾病突然過世。錯愕、難過、自責。但想到還有蒂蒂要照顧，也只能挺過悲傷。

謝謝貼心的奇奇帶來的一切，有他才有蒂蒂跟之後的妞妞！我的第一隻貓咪輕盈地走過，留下了一段美好的緣起緣滅。

NO.85

阿呆 把不好的都忘掉

他是獸醫老哥認養的貓，之一。
按照理性分析和圖書館編碼原理，以及基於男生比較懶得取名字這個事實，在 2015 年收編的第一隻貓，名字就叫做 1501。

因為重新裝潢，老哥家的全體貓眾來我家旅居。1501 傲嬌、不信任人，靠近他就哈氣出拳，眼裡有著防備。將近 1 年的寄住結束時，1501 雖然還是會出拳，但力道已經客氣多了。

「1501 就留在這兒吧⋯」我說。

為他改了名字，阿呆。不曉得之前流浪的日子讓他遇上了什麼，希望他可以呆一點，把那些不好的都忘掉、被害妄想症可以減輕些。如果還需要更多時間，我們還有一輩子，阿呆你可以慢慢來。

NO.86

臭臭 瀟灑任性的一股風

平時在院子裡自由來去的浪貓滋滋，帶了小小的臭臭來。羸弱的幼貓觸動了老爸的鐵漢柔情，帶去檢查和結紮後發現是愛滋貓，唉呀！好心疼，立刻收編！老爸沒養過貓，但每天都很認真買虱目魚，挑魚肉餵他，說要給他好好轉大人。

臭臭是一股不羈的風，家裡隨他自由進出。他的日子很愜意，曬太陽、欣賞媽媽種的花、在變電箱上等老爸回家、陪老爸帶狗散步……他永遠有很多意見，總是和老爸在對話，但不確定彼此是否有正確理解對方。每晚還會自己按時拉開紗門去房間陪老爸一起睡啊！很大方。有時候真的很羨慕他的貓生，我行我素又兼具生活情調，可以這樣揮霍我們無法直視的任性！

前輩子到底是燒了多少好香啊！……我現在燒來得及嗎？

NO.87

拿鐵 Latte 最美麗的眼睛

那天，深深地看進了一雙眼睛。黑眼球外圍的虹膜是美麗的天藍，向外圈漸變成淡淡的琥珀色。那是我見過最美麗的事物。

看到拿鐵的那一刻，有被電到的感覺。他在山上垃圾堆被發現，正在動物醫院檢查和醫療；我是帶家裡的貓主子 No.64 MARU 去看結石。既然是打算送養的浪貓，那還猶豫什麼呢？非常幸運地從長長的認養者名單中脱穎而出，當下真心謝天。

拿鐵腸胃不好，成長的過程總是被便便包圍，但也不減他的魅力⋯⋯這就是傳説中的出淤泥而不染啊！長大後已恢復健康，非常調皮搗蛋，超盧還很會撒嬌。他也有英勇的一面，會為家中尖叫的女貓奴解決蟲蟲危機。

有幸陪他一起用美麗的眼看世界，好幸福。

NO.88

King 醬 心裡的傷需要時間

女孩驚慌失措地捧著一隻幼貓，倉皇地交付到另一個女孩手裡。那一整窩小貓後來的命運如何，沒辦法去細究；只能好好照顧眼下捧在掌心裡唯一帶出來的寶貝。

那隻幸運的小貓輾轉來到我家。治療得好身上的黴菌和其他病痛，心理上的不安和疏離，卻需要很長的時間來緩解療癒。長得帥但是臉很臭的 King 醬，從來都不是會來討抱抱的繞指柔。但他對喜歡的人，有著「爺心情好時可以讓你摸一下」的包容度。他的室友 No.89 痕去當天使了後，King 醬突然會說話了，還有些說不太出來的改變，雖然他還是從來不喜歡抱抱。

是個性也好，是任性也罷。在這屋簷下，King 醬可以當自己，一直到老。

NO.89

痕 剔透的湛藍色

第一次看到痕，以為是隻初生的地鼠。

老弟帶痕回家的時候，他身上因黴菌幾乎沒有毛。選擇他的其中一個原因，也是因為當時他需要較多的醫療，想想我們家應該可以承擔，就給彼此一個希望。治療好皮膚病、腹瀉還有各式各樣的奇怪病痛，等毛都長好了，才真的感覺他像隻貓。還是隻很優雅的長毛貓。

因為初見時他傷痕累累，所以取名叫「痕」，但發現叫他的時候氣勢總是差了一點，很像嬌嗔的「哼嗯～」，所以他有個較常用的小名是「喵醬」。有時候痕不太像貓，他會說「要」、「不要」。他會握手、換手、趴下、等一下再吃。雖然平常也不愛靠近人，但你難過的時候，他會靜靜靠在身邊，把頭塞在你的手心，讓你摸摸，用剔透的湛藍色眼睛看入你的眼裡。

幾年一場意外，他已經再也沒有病痛地離開。喵醬，我們都很想你。

NO.90

Butter 對吃的堅持不容改變

準備好讓貓進入生活的時候，輾轉看到了網路上 Butter 的送養資訊。他的模樣和敍述，完全符合我們對首位貓主子的期待；雖然遠在高雄，距離的考驗更加堅定了我們恭迎貓主子回家的決心。

年幼的 Butter 一天內搭了長程高鐵、捷運和公車才到家。他很害羞，有外人來就會躲起來，連想摸摸他都只能趁主子熟睡。他也是個美食家，看準了好吃的東西後就會示意奴才們獻上；秉持杜絕浪費的理念，每餐都會用自己的嘴確認一次全家的貓碗，不許有任何食物剩下，就算身材漸漸走樣，也不能改變他貫徹自己的主張。

穿越 362 公里而來的家人，感恩 Butter 開啟了我家的貓奴人生。

NO.91

Berry 日日都是好日

黑貓真的有獨特的魅力。

第一次見到 Butter 的同窩親兄弟 Berry 時，還以為看到真人版魔女宅急便裡的黑貓吉吉，當時便對他優雅靈活的身影上了心。耐心等待了 1 個月讓他治療好呼吸道和眼睛感染後，全家開車南下、專車迎回第二位貓主子 Berry。

Berry 既撒嬌又親人，喜歡蹭在腳邊討摸摸，每晚都要鑽被窩和人擠在一起睡。他很快就在新家站穩腳步，建立了溫柔親和的形象。唯一會讓他破功的東西是貓草，磕草瘋起來什麼形象都不管了，連兄弟都不讓。

有個性互補的兄弟互相作伴，日日都是好日。

NO.92

Bagel 生活，簡單就好

貓媽媽留下 Bagel 和同窩手足，沒有再出現。好險附近有人發現這群幼貓，所以暫時還有得吃。找到了一位認養者後，貓中途隨機誘捕，抓到了 Bagel。檢查和整理妥當之後，他來到了 No.90 Butter 和 No.91 Berry 的家。

Bagel 歪著頭在發呆。他一定不曉得自己有多幸運。那些流落在外的同胞兄弟，沒有熬過命運的考驗，最後都沒有倖存。他喜歡被摸摸但不接受被抱抱，喜歡藏寶物在自己的貓砂盆裡，晚上會準時去催人一起上床睡覺。因為頑皮忍不住會搗蛋 Butter 和 Berry 兩位老大哥，被教訓哀哀叫一下也就忘記了。他的生活，簡單規律卻有自己的原則。

看著他，這樣單純無憂，也很好。

NO.93

Jaime 不捨得妳回街頭

Jaime 是自行寄宿在早餐店的親人貓，有一身公關的好人緣。

不知年輕的她流浪到早餐店之前，有著怎麼樣的故事？大家只知道她就這樣住了下來，每天和大家摸摸蹭蹭打招呼，有她一口飯，日子也就湊合著過。直到有一天她開始拉肚子，讓早餐店老闆很困擾。捨不得看她受苦，也擔心她可能會被趕離早餐店這個棲身之所，牙一咬帶她就醫治療。住院幾天康復後，心裡知道不可能再讓溫柔的 Jaime 回街頭或是早餐店，於是理所當然收編了。

Jaime 後來當了媽媽。她和她的寶寶們是家裡最溫馨的風景。

後記：

她因急病已於 2017 年 5 月離開。感激她走過人間留下的美好和溫柔。

NO.94

吳噗啾 妳是如此重要

8 年前，只有巴掌大的吳噗啾坐在紙箱裡，被好心的路人端到了動物醫院去。
紙箱外等著她的，是一連串的檢查，和一個只有養狗狗的家庭。

好在她根骨奇佳，是天生公關的料子。小小的她非常親人、親狗，面對陌生的訪客，也總是落落大方地趨前蹭幾下討摸摸，一定要招呼到每個訪客才行。這麼好按耐的貓主子，讓新手剷屎官有一種中樂透的感覺。受到眾人寵愛的吳噗啾，也很快就脫離瘦小的形象，現在是家中那抹無法忽視的、最肥美豐腴的存在。

迎接彼此進入生命的那天，就知道對方會如此重要。
約定好了，我們要健健康康，在一起很久很久。

NO.95

甘丹 由瘦變胖如此簡單

瘦巴巴的甘丹走到了一個大型住宅社區。他決定冒險看看。

社區裡有著百種人。有些對小動物很有愛心，但有些覺得流浪動物代表跳蚤和髒亂。他放低姿態，試著對看起來親切的人說喵話，有時候能換來食物和摸摸，有時候會被驅趕，只得先躲起來幾天避風頭，再回來試試運氣。

有一家人看著，默默將甘丹放在了心裡。那天，他消失幾日後又重新出現在社區，一如以往地親人又沒有戒心。警衛將他撈起來，交到了對的人手中。從今而後，有了歸屬，再也不必自動消失。歲月荏苒。4 公斤的小夥子現在成了附近居民口中的「胖貓甘丹」。

幸福，原來如此甘丹。

96～100的貓兒，展期間皆在送養中。

擠眉弄眼電暈你，萌萌小貓找新家！

NO.96

J.J. / 喵吉 請給他時間認識你

J.J. 原本生活在廢棄的海砂屋裡，時常和媽媽在屋簷上曬月亮。在某個下雨的夜晚，相依為命的媽媽被狗群攻擊咬死，剩下當時只有 3 個月大的他。失去了媽媽的他，變得消瘦，害怕。時常自己大聲地呼救。因為這樣被一個人類帶進了診所。到了診所我們才發現 J.J. 也被狗群攻擊，除了身上有多處咬傷，尾巴也被咬斷了。現在的 J.J. 已經 6 個月大。謹慎、早熟。喜歡和大貓在一起。相處一段時間就會發現他很會認人。請給他時間認識你，他會是一個很好的朋友。

後記：

J.J. 現在叫做喵吉。

在考慮養貓的時候，看到了喵吉的送養圖片，正好送養的動物醫院離家很近，正好喵吉符合心中貓主子的樣子；經過媒合、面試，喵吉等到了他的新家。

他非常慢熟，但確定了關係後，就會露出小霸王本色。從不能進臥室、到現在大家睡在一起，喵吉正式成為這家的貓皇，無庸置疑。

NO.97

Jack / 波仔 因為你而完整

Jack 還未離乳，就被擺在櫥窗裡販賣。

買了他的人，在他 6 個月大的時候就放棄飼養，原因是他長大了，不是幼貓小小的模樣。Jack 的第二個主人，時常連續幾日不回家，任著他餓肚子。所以我遇見 Jack 的時候，他只要看到吃的東西，就會暴食。兩年之後他的第二位主人去當兵了，將他送給了第三個主人。這個時候的 Jack，有著高度的不信任感。雖然一天都沒有流浪過，但是他不懂得怎麼和人互動，什麼樣的動作代表喜歡。當三個主人要放棄飼養的時候，我抱起他。這個擁抱，是他從幼貓時期之後就再也沒有過的。

Jack 害怕的時候，會把自己的頭埋在角落，露出大大的屁股，不斷發抖。每一次被送走，對他來說都是全盤的否定。我們不能怪他需要一些時間，去學習表達自己。Jack 在找一個真正可以停靠的港灣，讓他看見自己的美好。

後記：

Jack 現在叫波仔 /Bozai。

初次看到他的送養訊息時，家中十多歲的阿吉吉正步向生命的最後階段。送吉吉離開後，心中有個洞，有著虧欠、滿是不捨。突然又想起波仔的眼神，想知道有著那樣故事的貓，現在過得好不好。得知還在送養中，幾經思量，決定去迎接波仔回來。用許多陪伴和包容來化解他的過份膽小，漸漸地讓波仔知道這裡是他可以安心一輩子的所在。他終於不再匍匐前進。每晚睡前幫他按摩聽他呼嚕，再相依著一起睡著。

謝謝波仔的出現，心底因失去阿吉吉的缺口慢慢地填補了。在對的時間點相遇，彼此帶著各自的傷，一起學習走過和癒合。因為有你，我更懂得珍惜。

NO.98

豬咪咪 呆憨大貓送養中

豬咪咪的媽媽是在診所生產的。這一胎只有豬咪咪一隻，所以他是個巨嬰。豬咪咪的親生媽媽非常兇，對豬咪咪也很嚴厲。媽媽不喜歡他靠近人類，時常跺腳大聲地警告他。因為如此，豬咪咪是有些膽小的。

媽媽結紮放回原生地後，豬咪咪開始了自己的旅程。他喜歡和貓咪在一起，也喜歡和人在一起。探頭探腦，傻裡傻氣。肚子餓的時候會一邊舔碗，一邊看有沒有人注意到他。表演欲旺盛。豬咪咪現在已經 5 個月了，出生時的巨嬰並沒有如我們猜測地長成尺寸 XXL，大貓豬咪咪，送養中。

後記：
豬咪咪智商不高。
脖子短短、四肢矮小，身材肥美，是個單眼皮的大男孩，一臉呆憨，但在我心中他很帥。豬咪膽子不大會認人，不認識的人進到房間，他會躲得遠遠地；認識的他會「啊嗚～啊嗚～」的跟你打招呼。他跟小貓打架會輸，會弄到自己掰咖，愛吃紅肉罐，只吃幼貓飼料，會討抱又不要抱太久。他小腦袋裡似乎有個自己的小宇宙，有時候很無厘頭。
豬咪咪是在四季出生長大的孩子，他快 1 歲了，依然沒頭沒腦送養中。

NO.99

霸天／波吉 每個名字都是疼愛

霸天 2 個月大的時候和媽媽走散。一個人卡在騎樓前的鐵板底下大哭大叫了 2 天。終於找到他確定的地點準備救援時，至少有 10 個路人主動停下來幫忙搬鐵板，擋住馬路以免他衝出去。只能說霸天的出場，排場很大。

霸天的個性好強，他和貓咪相處愉快，對於人類，他保持觀望的態度。不喜歡被抱，但是我覺得他不是不喜歡那樣的舒適，霸天只是捍衛著身為一隻貓的優越感。如果是在幫家中的貓孩找伴，霸天會是很好的選擇。

後記：

霸天現在叫做波吉。

他到了新家後看起來有些形單影隻，所以大家在想幫他找個貓伴；結果一不小心就多了 3 隻貓隊友，家裡變得無比熱鬧。

沒想到波吉幫自己升上了組長的位置，自詡要管理 3 位後輩，而且不想跟他們太親近以免失了權威。

不知為什麼，家中每個人叫他的名字都不一樣，除了波吉，還有歐吉、鐵雄和波吉組長。辛苦你了啊，波吉！

NO.100

小斌／卡迪那 每天最期待的事

小斌出生在紅樹林的山裡。小小孩子被帶到我身邊，希望能有送養的機會。畢竟一生的街貓和家貓命運差距真的太大。小斌是個紙老虎。他喜歡表現地好像自己很會哈氣，但是一抱起來，就是個軟嫩的小貓咪，不用很久他就完全放棄，在人類的懷裡睡到腳掌冒汗。

記得我第一次看見小斌，小小的他在紙箱裡。紙箱沒有加蓋子，他因為緊張所以站著，但是大概是站久了腳有點痠，所以呈現著「壁咚」的動作。小斌的智商和外表有些許落差。好好栽培，應該可以變成一隻蠢蠢呆呆的可愛貓咪。

後記：
小斌現在叫做卡迪那。
他和同胞兄弟貝貝一起被認養到了一戶好人家。雖然一開始也是會怕生，但是有兄弟在，所有的困難都被分攤除以 2，所以很快也就適應新家了！每天最期待的事就是早上等媽媽剷屎官打開房門，兄弟倆湧上一路喵喵叫，纏到放飯為止。
獲勝的感覺好棒！
幸福，就是如此簡單。

特別感謝。

以下是《為了與你相遇》能從無到有的推手們：

感謝**帕子媽**捉刀，為編號 96 ～ 100 的五位毛孩子寫下生動的送養文。

也感謝這些 100 隻貓的家長，在《為了與你相遇》還只有幾行文字的階段，選擇了信任我。

他們參與了貓麻豆募集活動，透過網路提供了寶貝貓主子的照片、資料，以及透著汗水血淚的文字。

阿倫和 Judy、Lucie chic gourmet、王泓健、張介玉、Jamie Wei、Casper Kuo、胡瑋珊、Chen Li Jane、Jia Fen、劉怡謙、艾莉彭、柯怡　、陳沛煊、陳錦燕、Orange、J JILL、Suriel Tung、謝文茵、蕭薇、小木、Jennifer Chang、Tina、林冠予、WANG ENZO、小芳林、Lucia shih、Carina Liao、簡郁芬、王佩涵、黃保慧、周凱邦、Marian Liu、陳奕如、嗶啾媽、王宣懿、沈妍廷、林莉婷、Ms.Wu、貓貓、Clare、瑜、謝佳君、Hsiao-Ting Yin、彥富、王秋潔、王秋湲、陳薏伊、劉怡良、Nina Cheng、Pin Yu Tao、LUN 偉綸高、Carina Liao、周筱庭、邱雅娟、蔡小彤、Nana Forest、Scarlett、筱優、勇君、Ming、鄭緗語、陳欣如、Miss Latte、蔡素琴、蔡水火、蔡志強、Cherry Chiang、Sunny Chiang、黛安 Diane Lin、吳詠暄、Eliza、cooki、peter、Peyyi、阿逼勸、胡凱翔

真心感恩每位百貓家長對毛孩子的付出，還用心地分享了故事，讓人看見認養能帶來的美好。不論悲喜，都非常真摯動人。

最後，謝謝這 100 **隻貓主子**。你們的存在，真的讓這個世界變得更溫柔、美好。

每個命運扭轉的瞬間，值得被這樣地留下紀錄。

作　　者 蔡曉琼（熊子）
資料提供 100隻貓的認養人
編　　輯 林憶欣
校　　對 林憶欣、徐詩淵
封面設計 劉錦堂
美術設計 劉旻旻

發 行 人 程顯灝
總 編 輯 呂增娣
主　　編 翁瑞祐
編　　輯 鄭婷尹、吳嘉芬、林憶欣
美術主編 劉錦堂
美術編輯 曹文甄
行銷總監 呂增慧
資深行銷 謝儀方
行銷企劃 李　昀

發 行 部 侯莉莉
財 務 部 許麗娟、陳美齡
印　　務 許丁財
出 版 者 四塊玉文創有限公司

總 代 理 三友圖書有限公司
地　　址 106台北市安和路2段213號4樓
電　　話 (02) 2377-4155
傳　　真 (02) 2377-4355
E－mail service@sanyau.com.tw
郵政劃撥 05844889 三友圖書有限公司

總 經 銷 大和書報圖書股份有限公司
地　　址 新北市新莊區五工五路2號
電　　話 (02) 8990-2588
傳　　真 (02) 2299-7900

製版印刷 卡樂彩色製版印刷有限公司

初　　版 2017年11月
定　　價 新台幣350元
ＩＳＢＮ 978-986-95505-7-4（平裝）

國家圖書館出版品預行編目(CIP)資料

為了與你相遇：100則暖心的貓咪認養故事 / 蔡曉琼作. -- 初版. -- 臺北市：四塊玉文創, 2017.11
面；　公分
ISBN 978-986-95505-7-4(平裝)

1. 貓 2. 文集

437.3607　　106021258

熱愛毛孩必看——

有愛大聲講：
那些貓才會教我的事情

作者：春花媽　繪者：Jozy

定價：350 元

輕輕的一聲「喵」，低沈的兩句「汪」，字字都是毛孩們想對我們說的話。但，你懂得毛孩的心嗎？讓動物溝通師春花媽，透過一則又一則的溝通故事，在噴飯與噴淚間，告訴你毛孩子的心裡話，還有最體貼的毛孩養育觀念。

幸福的重量，和一隻貓差不多
我們攜手的每一步，都是美好的腳印

作者：帕子媽　定價：320 元

原本只是等場電影，卻意外等來了一隻貓，從此開啟了有貓的人生。在餵養一隻被棄養的老狗後，便再也放不下，再也離不開。這是一本動人的散文集，這是一本感人的故事書，更是帕子媽寫給毛孩子的情書。書裡有有愛有情有淚，有遺憾，有美好，每個故事，都留下了美好的腳印。

奔跑吧！浪浪：
從街頭到真正的家，莉丰慧民 V 館 22 個救援奮鬥的故事

作者：楊懷民、大城莉莉、張國彬

定價：300 元

為了浪浪，他們不是明星、不是商人、不是醫師，只是尊重生命的人。不論是海邊流浪的、街頭餓肚子的、從倉庫中搶救出來的。飽受虐待身心受創的、從香肉店刀口下逃出……。毛孩子傷痕累累的身體，以及受傷的心靈……在滿滿的愛之下，一步步找回笑容。

世界因你而美好：
帕子媽寫給毛孩子的小情書

作者：帕子媽　定價：320 元

「親吻你的頭，好想永遠記住你的味道。因為你永遠是我的孩子……」

一位醫師娘，一個總是關心毛孩的女子，每一次街頭救援，除了奮不顧身，還是奮不顧身！爬屋頂，進水溝，縱使面對再多困境，只要想到還有孩子在那裡，她就有克服一切的勇氣！她是——帕子媽，這本書要告訴你，除了人與人的情感，還有人與動物間更多更真實的愛。

與你的毛孩一起讀好書——

慢慢來，我等你

等待是最溫柔的對待，一場用生命守候的教育旅程

作者：余懷瑾　定價：320 元

慢慢來，我等你，2017 年最療癒人心的一句話。身為老師、家長，甚至團隊夥伴的你跟妳，都應該學習的一句話。一位家有身心障礙孩子的媽媽，一位願意付出努力帶頭做，引導班上孩子學習如何面對班上有身心障礙者的同學的老師。

煮光陰：

我與阿嬤的好時光

作者：劉品言　定價：380 元

30 道菜，有言言跟阿嬤阿公還有其他家人共同譜出的珍貴回憶，每一篇都是真實且細膩的故事。老人家做菜永遠不太精準，全憑他們的「手路」，看著阿嬤，那個你不得不承認已經在駝的背，開始會掉了幾片記憶，雖然她依然開朗無比的面對自己的小疏失，但總覺得是不是還能做點什麼，是不是還能繼續傳達她教我的事。

我不是叛逆，只是想活得更精彩：

小律師的逃亡日記

作者：黃昱毓　定價：350 元

人生沒有如果當初……想過什麼樣的生活，要靠自己去選擇。看人人稱羨的小律師，如何卸下身分光環，讓自己活得更出色。因為人生無法重來，想清楚了，就出發！如果說，走在夢想的道路上是一種勇敢。那麼拋棄安穩生活實現夢想，也不該被視為一種叛逆！

我去安地斯山一下：

謝忻的南美洲之旅

作者：謝忻　定價：390 元

闖蕩演藝圈十多年，忙碌的謝忻決定要讓自己放一次大假！以最節省的方式，展開長達 20 天的南美洲自助行。拎起背包，跟著「外景小公主」謝忻來去安地斯山一下吧！本書中有螢光幕前散播歡笑；那個你熟悉的謝忻，更有私底下喜歡獨處冒險與自我對話。那個你不熟悉的謝忻，且讓我們跟著動人的文字與生動的圖片，從謝忻的視角看世界。

解憂咖啡館：

不冷不熱，温的，剛剛好

作者：温秉錞　定價：340 元

「如果可以看著我寫的東西改變一些人，或是來温咖啡跟我聊天得到一些東西，我想是很開心的一件事情。」有一家咖啡館老闆，總會在每日的外帶杯上，留下一句充滿溫度的句子。希望每一位來到店裡的人，在品嘗咖啡之餘，也能得到心靈上的力量。咖啡的温度，也是人性的温度。這裡不只賣咖啡，還有撫慰人心的温語錄。

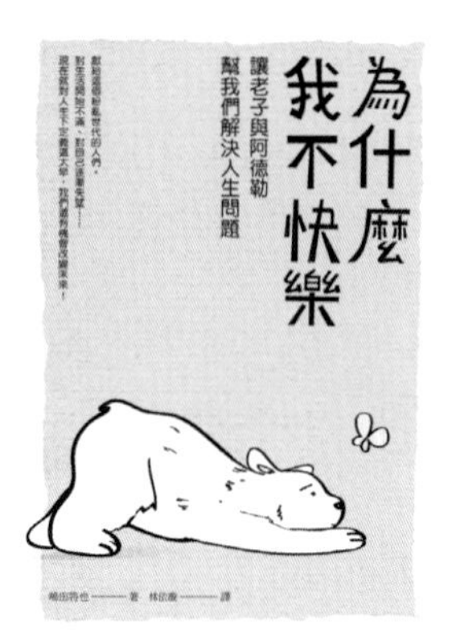

為什麼我不快樂：

讓老子與阿德勒幫我們解決人生問題

作者：嶋田將也　譯者：林依璇

定價：260 元

獻給這個紛亂世代的人們。對生活開始不滿、對自己逐漸失望……現在就對人生下定義還太早，我們還有機會改變未來！作者嶋田將也結合心理學和哲學，開創獨特的思考技巧，引用老子與阿德勒的思想，來探討關於心靈、情緒、成功等主題，希望能減少這世上人們的煩惱。

温語錄：

如果自己都討厭自己，別人怎麼會喜歡你

作者：温秉錞　定價：350 元

不費力的生活從來都不簡單。大聲告訴自己：人生與夢想，無論哭著、笑著都要走完！就和　秉錞一起品味人生百態，哭完、笑完後，心也暖熱起來！本書作者是一位熱愛自己、熱愛生活的咖啡人，每天努力煮著咖啡，用每一杯醇香的咖啡說故事，透過故事與自身的體悟撰寫出讓你我共鳴的語句，彼此同感，也得到改變自己的力量。

只想為你多做一餐：

65 歲阿伯與 92 歲磨人媽，笑與淚的照護日誌

作者：鄭城基　譯者：胡椒筒

定價：320 元

高齡母親罹患了失智症，被醫生判定最多只能再活一年。抱持著陪伴母親「最後一年」的心態辭去了工作，專心侍奉母親的阿伯，竟然日復一日照顧了……部落格超越 220 萬瀏覽人次，韓國人氣部落客「藍精靈阿伯」的温暖之作。

廣　告　回　函
台北郵局登記證
台北廣字第2780號

地址：　　　縣/市　　　鄉/鎮/市/區　　　路/街

段　　　巷　　　弄　　　號　　　樓

SANYAU

三友圖書有限公司　收

SANYAU PUBLISHING CO., LTD.

106　台北市安和路2段213號4樓

本回函影印無效

購買《為了與你相遇：100 則暖心的貓咪認養故事》的讀者有福啦，只要詳細填寫背面回函，並寄回三友圖書，即有機會獲得本書作者熊子老師親授「貓似顏繪實木彩繪私塾課」！

（價值2000元）

【貓似顏繪實木彩繪私塾課】

使用實木畫板，引導您親手畫出貓主子傲嬌呆萌的小臉蛋！沒有畫畫底子也不用怕！

■課程時間：2018／03／03（六）下午2：00～5：00

■課程地點：台北市

課程說明：1. 當天得獎者需持書參加課程。2. 若不克前來，可將課程資格轉讓，但需於開課前 5 日來電並告知更換參加者的姓名、電話。逾期或當天未到，視同放棄獎項。

活動期限至 2018 年 1 月 26 日 詳情請見回函內容

四塊玉文創╳橘子文化╳食為天文創╳旗林文化
https://www.facebook.com/comehomelife
http://www.ju-zi.com.tw

【黏貼處】對折後寄回，謝謝。

親愛的讀者：

感謝您購買《為了與你相遇：100 則暖心的貓咪認養故事》一書，為回饋您對本書的支持與愛護，只要填妥本回函，並於 2018 ／ 01 ／ 26 前寄回本社（以郵戳為憑），即有機會參加抽獎活動，得到「貓似顏繪實木彩繪私塾課」（共 3 名）。

姓名＿＿＿＿＿＿＿＿ 出生年月日＿＿＿＿＿＿＿＿

電話＿＿＿＿＿＿＿＿ E-mail ＿＿＿＿＿＿＿＿

通訊地址＿＿＿＿＿＿＿＿

臉書帳號 ＿＿＿＿＿＿＿＿ 部落格名稱＿＿＿＿＿＿＿＿

1 年齡
□ 18 歲以下 □ 19 歲～ 25 歲 □ 26 歲～ 35 歲 □ 36 歲～ 45 歲 □ 46 歲～ 55 歲
□ 56 歲～ 65 歲□ 66 歲～ 75 歲 □ 76 歲～ 85 歲 □ 86 歲以上

2 職業
□軍公教 □工 □商 □自由業 □服務業 □農林漁牧業 □家管 □學生
□其他 ＿＿＿＿＿＿＿＿

3 您從何處購得本書？
□網路書店 □博客來 □金石堂 □讀冊 □誠品 □其他 ＿＿＿＿＿＿＿＿
□實體書店 ＿＿＿＿＿＿＿＿

4 您從何處得知本書？
□網路書店 □博客來 □金石堂 □讀冊 □誠品 □其他 ＿＿＿＿＿＿＿＿
□實體書店 ＿＿＿＿＿＿＿＿ □ FB(三友圖書 - 微胖男女編輯社）
□好好刊（雙月刊） □朋友推薦 □廣播媒體 ＿＿＿＿＿＿＿＿

5 您購買本書的因素有哪些？（可複選）
□作者 □內容 □圖片 □版面編排 □其他 ＿＿＿＿＿＿＿＿

6 您覺得本書的封面設計如何？
□非常滿意 □滿意 □普通 □很差 □其他 ＿＿＿＿＿＿＿＿

7 非常感謝您購買此書，您還對哪些主題有興趣？（可複選）
□中西食譜 □點心烘焙 □飲品類 □旅遊 □養生保健 □瘦身美妝 □手作 □寵物
□商業理財 □心靈療癒 □小説 □其他 ＿＿＿＿＿＿＿＿

8 您每個月的購書預算為多少金額？
□ 1,000 元以下 □ 1,001 ～ 2,000 元 □ 2,001 ～ 3,000 元 □ 3,001 ～ 4,000 元
□ 4,001 ～ 5,000 元 □ 5,001 元以上

9 若出版的書籍搭配贈品活動，您比較喜歡哪一類型的贈品？（可選 2 種）
□食品調味類 □鍋具類 □家電用品類 □書籍類 □生活用品類 □ DIY 手作類
□交通票券類 □展演活動票券類 □其他 ＿＿＿＿＿＿＿＿

10 您認為本書尚需改進之處？以及對我們的意見？
＿＿＿＿＿＿＿＿

感謝您的填寫，
您寶貴的建議是我們進步的動力！

本回函得獎名單公布相關資訊
得獎名單抽出日期：2018 ／ 02 ／ 09
得獎名單公布於：
臉書「三友圖書－微胖男女編輯社」：https://www.facebook.com/comehomelife/
痞客邦「三友圖書－微胖男女編輯社」：http://sanyau888.pixnet.net/blog

【黏貼處】對折後寄回，謝謝。